KB153147

10대에 정보 보안 전문가가 되고 싶은 나, 어떻게 할까?

마이클 밀러 글 | 최영열 옮김 | 정일영 감수

사이버 보안부터 윤리적 해커까지,
정보 보안 전문가를 꿈꾸는
10대가 알아야 할 모든 것

오유아이 Oui

차례

1장. 정보 보안 전문가와 스파이는 어떻게 다를까? · · · 7

2장. 사이버 탐정_법 테두리 안에서 정보를 캔다 · · · 23

3장. 사이버 스파이_불법으로 정보를 훔친다 · · · · · 37

4장. 사이버 세계에서 정보 전쟁을 벌이는 선거 · · · 51

5장. 가짜 뉴스를 널리 퍼뜨리는 소셜 미디어 · · · · 67

6장. 컴퓨터를 볼모로 잡는 사이버 공격 · · · · · · · · 87

7장. 사회 기반 시설을 위협하는 사이버 테러 · · · · 107

8장. 사이버 전쟁은 이미 시작되었다 · · · · · · · · · 121

9장. 사이버 보안_철벽 수비만이 살 길이다 · · · · · 141

10장. 정보 보안 전문가를 꿈꾼다면? · · · · · · · · · · 157

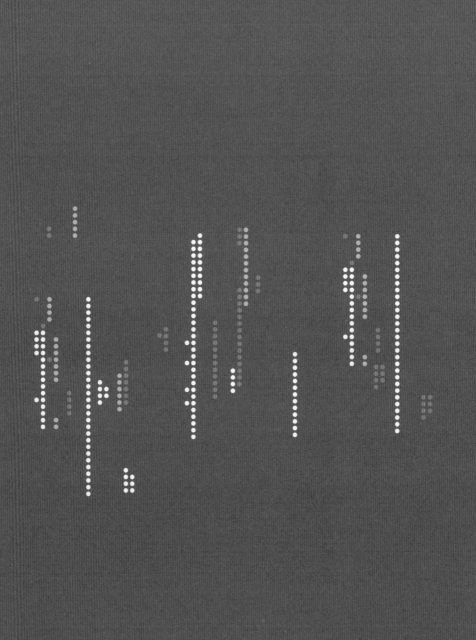

1장

정보 보안 전문가와
스파이는 어떻게 다를까?

로 렌 샌즈램쇼는 어렸을 때부터 컴퓨터를 좋아했다. 1988년
에 태어나 미국 수도인 워싱턴 D.C.에서 자란 샌즈램쇼는
또래 아이들처럼 비디오 게임을 즐겼고, 친구들과 소통하거나 공
부할 때도 컴퓨터를 활용했다. 11살이 되던 해에는 유명 일간 신
문인 〈워싱턴 포스트〉에 소개되기도 했다. 10대 초반 아이들의
구매 습관을 취재하러 온 기자가 어떤 방을 갖고 싶은지 묻자 샌
즈램쇼는 이렇게 답했다.

"저만의 컴퓨터와 텔레비전, 닌텐도 게임기가 있는 방이요.
책 읽기 좋은 푹신푹신한 안락의자도 있으면 좋겠네요."

그 뒤 고등학교에 진학한 샌즈램쇼는 수학과 과학에 빠져들

미국 국가안보작전센터, NSOC(National Security Operations Center)의 내부. 이런 기관과 국가안보국(NSA) 지부는 미국을 위협하려는 다른 나라의 움직임을 감시한다. 오늘날 국가를 향한 위협의 상당수는 사이버 공간에서 이루어진다.

었다. 학교 대표로 다른 학생들과 팀을 이루어 수학 경시 대회에 출전해, 어려운 수학 문제를 풀기도 했다. 졸업 후 미국의 이름난 대학 중 하나인 다트머스대학에 입학해 컴퓨터 공학을 전공했고, 뛰어난 성적으로 차석 졸업했다. 졸업 논문은 '테러리스트는 어떻게 인터넷을 이용해 미국 전력망*을 공격할 수 있는가'에 대한 내용이었다.

이후 샌즈램쇼는 미국 국방부 산하의 국가안보국NSA, National Security Agency에서 일자리를 제안받았다. 국가안보국은 미국을 겨냥

---

* 전기를 비롯한 여러 에너지를 나라 곳곳에 공급하는 그물처럼 얽힌 체계.

한 전 세계의 잠재적 위협에 대한 정보를 감시, 수집, 처리한다. 다시 말하면 국가안보국은 국가 소속의 스파이 집단인 셈이다. 이런 기관에서 샌즈램쇼에게 국가 안보를 위한 정보 보안 팀에 들어와 달라고 한 것이다.

국가안보국은 주로 온라인으로 일한다. 이곳 요원들은 정보가 담긴 데이터를 모으기 위해 컴퓨터, 스마트폰, 온라인 네트워크를 수시로 해킹한다. 해킹은 다른 사람의 컴퓨터 시스템에 무단으로 침입해 데이터와 프로그램을 없애거나 망치는 일을 뜻한다. 수학과 컴퓨터에 밝은 샌즈램쇼는 국가안보국이 찾던 인재였다. 국가안보국은 특히 바이러스를 포함한 악성 소프트웨어인 멀웨어Malware, 비밀 코드*를 해독하는 암호학, 온라인 공격으로부터 네트워크를 방어하는 방법에 대한 지식을 갖춘 인재를 찾고 있었고, 샌즈램쇼는 거기에 딱 맞는 인물이었다.

"저는 미국 정부를 위해 일하는 스파이였습니다."

국가안보국에서 일하던 자신의 위치를 샌즈램쇼는 이렇게 표현했다. 그러나 그는 자기 업무가 영화 007 시리즈 속 주인공인 제임스 본드의 일과는 영 딴판이라는 사실을 금세 알아차렸다. 국가안보국의 정보 보안 전문가들은 적진에서 임무를 수행하지도, 무기나 화려한 스파이 장비를 지니고 다니지도, 목숨에 위협을 받지도 않는다. 그저 화면 밖에서 일하는 영화 스태프처럼

---

*정보를 나타내기 위한 기호 체계.

안전한 환경에서 근무할 뿐이다. 국가안보국에 소속되어 스파이 업무를 하는 이들은 컴퓨터 앞에 앉아 인터넷에서 전자 정보를 수집하고 분석하는 사무직이다. 이를테면 전파의 강약·방향·파장 따위를 조사하고 판독하며, 통신 정보를 포착하는 일을 하는 사람들이다.

소설이나 영화에 나오는 스파이는 법의 울타리 밖에서 활동한다. 거짓말하고, 기밀 정보를 훔치고, 상대 요원을 이중으로 속이는 게 일상이다. 하지만 국가안보국에서 실제로 스파이 업무를 했던 샌즈램쇼는 자기와 함께 일한 동료들이 '법을 준수하는 부류'였다고 말한다. 그럴 만도 한 것이 국가안보국 요원이 되려면 엄격한 배경 조사, 심리 검사, 거짓말 탐지기 테스트를 모두 통과해야 하기 때문이다.

배경 조사는 국가안보국 요원이 후보자의 지원서에 쓰여 있는 추천인들에게 일일이 전화 확인을 하는 것으로 시작된다. 심지어 후보자 집 주변이나 출신 학교를 돌아다니며 만난 사람들에게 후보자에 대해 물어보기도 한다. 심리 검사는 후보자가 남을 속이거나 부정행위를 할 만한 성향을 지녔는지 알아보기 위한 것이다. 거짓말 탐지기 테스트는 후보자가 법을 잘 따르고 애국심이 있는지 살펴보기 위한 것이다. 후보자는 "기밀 정보를 외국 단체에 넘겨 준 적이 있습니까?" 같은 질문에 대답해야 한다.

더불어 후보자는 정부 표준 양식의 설문지에 답을 전부 채

워 넣어야 한다. 127쪽 분량의 설문지에 출신 학교, 그동안 살았던 곳, 과거 직장, 여행했던 곳, 함께 일한 적이 있거나 친분이 있는 외국인, 그 밖의 시시콜콜한 이력까지 적어야 한다. 대답이 사실인지 거짓인지는 국가안보국 요원들이 하나하나 확인한다. 길고 복잡한 절차지만 자격 미달이거나 부적합한 지원자를 걸러 내는 데 효과적이다. 따라서 외국에서 보낸 스파이나 범죄를 저지른 사람이 심사를 통과할 가능성은 거의 없다.

샌즈램쇼는 국가안보국에서 함께 일한 요원들에 대해 이와 같이 말했다. "기술적 능력뿐만 아니라 임무에 헌신하는 모습에 감명을 받았습니다. 가장 성실하고 양심적인 사람들이었어요."

요원이 된 첫해, 샌즈램쇼는 메릴랜드주 포트 미드에 있는 본부 근처에 살며 출퇴근했다. 배정받은 부서는 컴퓨터 네트워크 운영 개발 부서였고, 직함은 글로벌 네트워크 취약점 분석가였다. 전자 정보를 수집하고 관리하는 컴퓨터 시스템의 코드를 작성하는 것이 주된 업무였다. 제임스 본드의 임무처럼 스릴 넘치지는 않았지만 매우 중요한 일이었다. 누군가는 계속해서 국가안보국의 컴퓨터 시스템이 문제없이 돌아가도록 만들어야 하기 때문이다.

샌즈램쇼의 사무실은 평범한 건물에 있는 좁은 공간이었다. 보안이 매우 엄격한 미군 기지에 있다는 점을 제외하면, 흔히 볼 수 있는 사무실과 다를 바 없었다. 건물에 있는 다른 모든 공간과

제임스 본드 같은 영화 속 스파이는 총을 비롯한 살상 무기를 사용한다. 반면 사이버 공간에서 스파이 업무를 하는 정보 보안 전문가는 사무실 컴퓨터 앞에 앉아서 일한다.

마찬가지로, 사무실에는 컴퓨터와 모니터를 갖춘 책상 여러 개가 있었다. 거기서 샌즈램쇼는 코드를 작성했다.

국가안보국이 돌아가도록 하는 컴퓨터 소프트웨어를 개발, 실행, 유지, 수정하는 것이 샌즈램쇼와 동료들의 일상이었다. 이들이 만든 소프트웨어는 미국과 다른 나라 사람들의 스마트폰과 인터넷에서 이메일, 문자 메시지, 소셜 미디어 게시물, 웹 페이지 따위의 정보를 수집했다. 그렇게 모인 정보는 다른 팀으로 넘어가, 그쪽 분석 요원들이 미국에 위협이 될 만한 요소를 찾아내는 데 쓰였다.

샌즈램쇼는 2010년부터 2012년까지 국가안보국에서 일했다. 그 뒤 코딩 관련 책을 쓰고, 웹사이트와 모바일 앱을 개발했으며, 국가안보국 안팎에서의 경험을 소개하는 블로그를 운영하기도 했다. 국가안보국에서 정보 보안 전문가로 일한 시절을 돌아보며 샌즈램쇼는 이렇게 썼다. "미국 국민은 유능하고 철저한 국가 정보 보안 기관과 군 지휘부를 믿고 안심해도 됩니다. 국가안보국에서 일하면서 그 탁월한 능력에 크게 감동했어요."

미 공군의 사이버 작전실. 미국 사이버사령부는 미군 각 지부에 정보 보안 팀을 배치한다.

정보 보안 전문가 VS 스파이

스파이는 어떤 일을 하는 사람일까? 스파이는 적에 대한 정보를 수집하고 분석해, 그것이 필요한 사람들과 공유하는 임무를 수행한다. 오늘날 사이버 공간에서 활동하는 정보 보안 전문가도 같은 일을 한다. 다만 컴퓨터를 이용해 온라인에서 일한다는 차이가 있다. 그러므로 오늘날 정보 보안 전문가의 일은 현대의 정보 기술을 활용해 스파이처럼 적을 정탐하는 것이라고 볼 수 있다.

사이버 공간에서 정보 보안 전문가는 수비와 공격을 함께 한다. 이들의 수비란 적국이나 테러 단체, 범죄 조직의 위협을 알아내기 위해 정보를 수집하고 분석하는 것이다. 이들이 모은 정보는 외부 공격으로부터 국가를 방어하는 데 도움이 된다.

하지만 이제 적들은 총, 폭탄, 군대로만 공격하지 않는다. 적들도 사이버 공격을 한다. 사이버 공격이란 컴퓨터 시스템에 침투해 정보를 훔치고 군대, 정부, 사업체, 산업 기관을 움직이는 전자 네트워크를 무력화하는 행위를 말한다. 정보 보안 전문가는 이런 종류의 공격도 막아 내야 한다. 한편 정보 보안 전문가도 공격에 나설 때가 있다. 필요에 따라 적의 비밀 정보를 훔치기도 하고, 적의 사업이나 군사 작전을 무력화하기 위해 상대의 컴퓨터 네트워크에 침투하기도 한다.

미국에서는 국가안보국 외에도 여러 정부 기관이 정보 보안 전문가를 고용한다. 중앙정보국CIA, Central Intelligence Agency, 국토안보부DHS, Department of Homeland Security, 연방수사국FBI, Federal Bureau of Investigation을 비롯한 많은 기관이 저마다 수천 명의 정보 보안 전문가를 고용한다.

2009년 창설된 미국 사이버사령부U.S. Cyber Command는 흩어져 있던 공군, 육군, 해병대, 해군 사이버 부대를 하나로 통합해 운영한다. 국가안보국 본부에 위치한 사이버사령부는 사이버 공격으

인재를 모집합니다

정보 보안 전문가는 자기 직업에 대해 어떻게 생각할까? 온라인 구인 구직 사이트에 한 정보 보안 전문가가 이런 글을 남겼다. "어려운 환경이지만 정말 변화를 만들고 있다고 느꼈습니다. 하루가 길게 느껴지지만 지루한 순간은 단 1분도 없고, 늘 할 일이 많았죠. 흥미롭고 보람 있었어요."

또 다른 전문가는 이렇게 썼다. "같은 상황이 두 번 생기는 법은 없어요. 매일 새로운 것에 도전하고, 무언가를 배울 수 있죠. 모두가 성장하고 배울 수 있는 환경입니다."

하지만 정보 보안 일을 하는 것은, 특히 정부를 위해 일하는 것은 결코 쉽지 않다. 스트레스와 긴 근무 시간 때문에 그만두는 사람도 있고, 정부 관료 체제에 회의를 느껴 그만두는 사람도 있으며, 돈을 더 많이 주는 개인 기업으로 일터를 옮기는 사람도 있다. 예를 들어, 2010년부터 2014년까지 국가안보국 국장이자 사이버사령부의 수장이었던 키스 알렉산더는 사이버 보안업체 아이언넷(IronNet)을 세우려고 제대했다. 이 업체는 정부를 위해 일했던 정보 보안 전문가들을 종종 고용한다.

로부터 국방부 컴퓨터를 방어하고, 전 세계 미군 지휘관에게 정보를 제공하며, 미국 정부가 공격을 탐지, 저지, 대응할 수 있도록 돕는다.

총성 없는 공격

사이버사령부는 원래 방어만을 위한 조직이었지만, 나중에 공격

정부의 정보 기관 입장에서 이런 식으로 인재들이 민간 기업으로 빠져나가는 건 골치 아픈 일이다. 국가안보국에 따르면 해마다 정보 보안 전문가의 8~9퍼센트가 일을 그만둔다고 한다. 예전에 국가안보국 수석 연구원으로 일했던 엘리슨 앤 윌리엄스는 이렇게 말했다. "국가안보국은 핵심 인력을 잃고 있어요. 가장 우수한 요원들을 잃는 건 뼈아픈 손실이죠." 윌리엄스는 자신이 설립한 정보 회사 엔베일(Enveil)이 국가안보국에서 최소 10명의 직원을 데려갔다고 밝혔다.

민간 기업에 핵심 인력을 내주고 있음에도, 국가안보국은 여전히 숙련된 인재를 보유하고 있으며 계속 모집 중이다. 국가안보국 폴 나카소네 국장은 매달 1만 7000명이 이력서를 보내온다고 말한다. 국가안보국은 모범 고용주로서 여러 번 상도 받았다. 지원 동기 중에는 애국심이 큰 비중을 차지한다. 나카소네는 요원을 모집할 때 이렇게 말한다. "우리의 가장 큰 경쟁력은 다름 아닌 우리의 임무입니다. 국가를 지키는 게 곧 일이니까요."

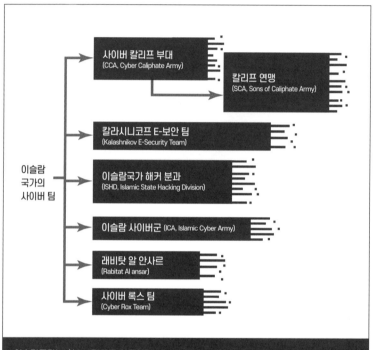

이슬람국가는 최소 7단계로 이루어진 사이버 테러 프로그램을 운영한다. 미국은 이슬람국가의 위협에 맞서 '글로잉 심포니' 작전을 포함해 여러 차례 사이버 공격을 했다.

임무도 수행하게 되었다. 미국의 적에 대한 전투를 지원할 뿐 아니라, 공격에 직접 나설 수도 있게 된 것이다. 한 예로 2015년에 사이버사령부는 국가안보국과 함께 이라크와 시리아의 테러 단체 '이슬람국가ISIS, Islamic State of Iraq and al-sham'를 공격했다. 서아시아에 기반을 둔 이 단체는 이슬람 종교에 대한 극단적 해석에 뿌리를 두고 사회 체제를 세워 나가려 하며 참수, 총기 난사, 폭탄 테러,

그 밖에 다른 잔인한 테러로 유명하다.

'글로잉 심포니Glowing Symphony' 작전은 이슬람국가의 사이버 공간 운영을 방해하는 데 목표를 두었다. 단체의 웹사이트, 온라인 잡지, 스마트폰 앱을 실행하는 컴퓨터 서버를 해킹해 망가뜨리는 것이 계획이었다. 공격은 연이은 이메일 피싱Phishing*으로 시작됐다. 미국 사이버사령부와 국가안보국 요원들은 사용자가 암호와 같은 개인 정보를 노출하도록 유인한 뒤, 그 정보로 보안 컴퓨터 네트워크에 로그인할 수 있도록 작전을 짰다.

요원들은 이슬람국가의 주요 인물들에게 이메일 메시지를 보내, 이메일의 링크를 클릭하도록 유도했다. 피싱용 이메일은 공식 로고가 찍힌 정식 메시지와 유사하게 만들어졌다. 사용자가 의심 없이 이메일에 첨부된 링크를 누르면 사용자 이름과 비밀번호를 입력하게 하는 가짜 웹사이트로 연결되는 식이다. 이슬람국가의 정보 시스템에 침입하기 위해서는 단 한 명의 수신자만 낚아도 충분했는데, 실제 이메일 피싱에 걸려들어 아이디와 비밀번호를 입력한 수신자는 여러 명이었다.

그렇게 사이버사령부의 요원들은 전산망에 잠입한 뒤 백도어Backdoor**를 만들었다. 요원들은 이 통로를 이용해 언제든지 쉽

---

*Private data(개인 정보)와 Fishing(낚시)의 합성어. 믿을 만한 사람이나 기관이 보낸 것처럼 꾸며 낸 이메일, 문자 메시지 등을 통해, 사용자가 비밀번호나 신용 카드 정보와 같은 기밀을 유출하도록 만드는 공격 기법.

**아이디와 패스워드 확인 같은, 정상적인 사용자 인증과 권한 확인 없이 시스템에 몰래 접근할 수 있도록 만들어 놓은 악성 프로그램.

미국 국가안보국의 국장이자 사이버사령부의 수장인 폴 나카소네. 글로잉 심포니 작전을 비롯한 여러 사이버 공격을 이끌었다.

게 시스템에 들어갈 수 있었다.

　이슬람국가의 네트워크에 들어가는 데 성공한 미국 요원들은 중요한 자료들을 찾아 나갔다. 이들은 이슬람국가의 비밀 문서를 캡처하고, 적의 시스템을 방해하고, 파일과 폴더를 삭제하고, 사용자의 비밀번호를 변경하고, 관리자의 로그인을 막았으며, 나중에 더 큰 피해를 줄 악성 코드를 설치하는 것과 같은 다양한 활동을 펼쳤다. 국가안보국의 폴 나카소네 국장은 그때를 회상하며 이렇게 말했다. "잠입 후 60분 만에 성공을 확신했습니다. 이슬람국가의 온라인 통신 체계가 무너지는 걸 목격했으니까요."

이 작전으로 이슬람국가는 애를 먹었다. 이슬람국가의 온라인 영문용 선전 잡지 〈다비크Dabiq〉는 발행 마감일을 놓쳤고, 웹사이트 일부는 다운되어 복구되지 않았다. 또 스마트폰 앱이 작동을 멈췄고 통신이 두절됐다. 작전은 대성공이었다.

요원들은 쾌적하고 안전한 본부에서 치열한 첩보 활동을 펼쳤다. 작전을 수행하는 동안 아무도 위험에 빠지지 않았고, 다치지 않았으며, 끼니를 거르지도 않았다. 총성은 고사하고, 들리는 거라곤 탁탁탁 키보드를 두드리는 소리뿐이었다. 작전에 참여한 요원들에게 그날은 사무실에 출근해 업무에 몰두한 여느 날과 다를 바 없었다.

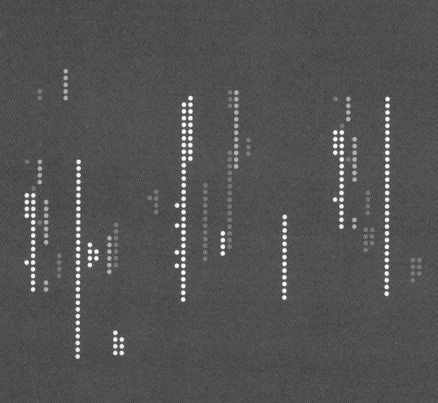

2장

사이버 탐정_
법 테두리 안에서 정보를 캔다

미국인이며 백인인 브렛 밀러는 19세기에 자기 조상 일부가
미국 테네시주에 살았다는 사실을 알고 있었다. 하지만 그
보다 앞선 조상에 대해서도 궁금해져 인터넷 가계, 족보 정보 사
이트에 들어가 검색을 해 보았다.

조상의 출신지와 성에 따라 얻을 수 있는 정보량이 다르지
만, 이런 웹사이트는 자신의 뿌리를 찾고 알아 가는 데 도움이 된
다. 세계 곳곳의 가계 정보 사이트에는 잘 알려진 조상의 이름과
행적뿐 아니라 다양한 조상의 출생 및 사망 증명서, 혼인 신고서,
인구 조사 기록, 병역 기록 같은 공공 문서도 담겨 있다. 사람들
은 이런 사이트에서 조상의 삶에 대한 단서를 찾아낸다. 그리고

1800년대 초 북아메리카로 이송된 노예들의 이름, 나이 따위가 적힌 배의 화물 목록. 몇몇 국가에서는 온라인에서 찾을 수 있는 이런 정보를 통해 자기 조상을 알아볼 수 있다.

발견한 정보를 다른 사람도 사용할 수 있도록 웹사이트에 올리기도 한다. 이렇게 웹사이트 사용자들이 수집한 자료들은 먼 친척을 연결해 주거나 띄엄띄엄 비어 있던 가계도를 완성하는 데 쓰인다.

브렛 밀러는 인터넷 검색을 하면서 19세기 테네시주에 살았던 조상의 훨씬 윗세대까지 거슬러 올라갔다. 그러다가 조상 가운데 1580년쯤 아프리카 남서부 앙골라에서 태어난 '몬종고 몬싱고'라는 사람이 있었다는 사실을 알아냈다. 1610년 몬싱고와 아내 은징가 음반데는 아들 두아테르를 낳았다. 두아르테는 1622년 전쟁 중에 포르투갈의 노예 상인에게 붙잡혀, 북아메리카 대륙에 세워진 영국령 식민지인 버지니아로 갔다. 그곳에서 성을 모징고로 바꿨고, 돈도 못 받고 노예 신분으로 일했다. 두아르테의 주인은 존 워커라는 부자였다. 그 시절 버지니아에서는 수많은 흑인과 백인 노동자가 노예 제도에 묶여 있었다. 백인 노예는 대개 4년에서 7년 정도 일하면 자유 신분이 되었지만, 두아르테 같은 흑인 노예는 몇 년을 일해도 자유를 얻지 못했다.

1644년에 두아르테의 아들 에드워드 모징고가 태어났다. 에드워드 또한 노예로서 존 워커를 위해 일했고, 그 뒤 버지니아의 또 다른 부호인 존 스톤을 위해 일했다. 1672년, 에드워드 모징고는 마침내 버지니아 법정에서 노예 신분을 벗고 자유를 얻은 최초의 흑인이 되어 역사에 이름을 남겼다.

브렛 밀러와 가족은 이런 사실을 알고 강한 흥미를 느꼈다. 그 전까지 알았던 조상들은 대부분 유럽 출신의 백인이었기 때문이다. 밀러는 인터넷으로 정보를 캐낸 덕분에 몰랐던 가계도의 한 갈래를 밝혀냈고, 15세기 말부터 18세기까지 이어진 북아메리카 식민지 시대 흑인 노예들의 투쟁에 대해서도 알게 되었다.

이처럼 온라인에서 자기 뿌리를 찾아보는 일은 사이버 탐정 행위에 속한다. 사이버 탐정은 스파이처럼 컴퓨터 시스템을 해킹하거나 공격하지 않는다. 대중에게 공개된 정보를 온라인에서 검색할 뿐이다. 사이버 탐정은 법을 어기지 않고 검색 엔진, 웹사이트, 데이터베이스*를 활용해 원하는 정보를 찾는다. 일반적인 사

---

*여러 가지 업무에 공동으로 필요한 데이터를 한데 결합해 저장한 것.

설 탐정과 하는 일은 비슷하지만, 컴퓨터 앞에 앉아서 일하는 점이 다르다.

인터넷에 거의 다 있다

오늘날 사이버 탐정 행위는 흔한 일이 되었다. 많은 사람이 옛 친구의 연락처를 알아내려고 온라인 사이트를 검색한다. 기업에서는 인사 담당자가 채용 응시자의 정보를 인터넷에서 검색하기도 한다. 정치인은 선거 전에 상대 후보에 대한 부정적 정보를 캐내려고 여러 사람을 동원해 온라인을 샅샅이 뒤진다.

또한 앞서 소개한 브렛 밀러처럼 가족과 조상에 대한 정보를 더 자세히 알고 싶어서 온라인 검색을 하는 사람들도 있다. 이처럼 누구든 사이버 탐정이 될 수 있다. 필요한 건 인터넷에 연결된 컴퓨터뿐이다.

인터넷은 거의 모든 것에 대한 정보가 담긴, 무한한 정보의 바다다. 누가 어떤 학교에 다녔는지 궁금하면 온라인에서 찾아보면 알 수 있다. 회사의 신용 거래 실적이 궁금할 때도, 어떤 주제나 직업에 대해 알아보고 싶을 때도, 데이트하고 싶은 사람에 대해 궁금할 때도 마찬가지다.

원하는 정보의 종류에 따라 구글 같은 검색 엔진에서 쉽게 찾아볼 수 있는 정보가 있고, 링크드인LinkedIn 같은 구인 구직 플

랫폼에서 찾을 수 있는 정보가 있다. 어떤 정보는 주제에 맞게 정보를 모아 놓은 데이터베이스, 기업 웹사이트, 또는 지난 기사를 모아 놓은 신문 아카이브에서 찾을 수 있다. 무료로 얻을 수 있는 정보도 있고, 유료 가입자나 회원만 얻을 수 있는 정보도 있으며, 특정 직업 종사자만 접근할 수 있는 정보도 있다.

사람들이 주로 정보를 얻는 곳은 아래와 같다.

- **검색 엔진:** 대표적인 예로 '구글'이 있다. 사람이나 회사, 흥미

경찰을 돕는 '네티즌 수사대'

실제 범죄 사건을 다루는 텔레비전 프로그램이나 팟캐스트를 시청하면서 '나라면 이 사건을 해결할 수 있겠다'고 생각한 적 있는가? 그런 생각을 행동으로 옮긴 사람들이 있다. '네티즌 수사대'라 불리는 이런 사람들은 혼자 또는 여럿이 힘을 모아 해결되지 못한 사건의 단서를 잡으려 노력한다. 그 노력 덕분에 꽤 많은 사건의 진상이 드러났다.

1968년 미국 켄터키주 조지타운에서 신원을 알 수 없는 여성의 시체가 발견된 사건을 예로 들어 보자. 법의학자들은 여성의 키가 150센티미터 조금 넘고, 몸무게는 약 50킬로그램이며, 머리카락은 적갈색이라고 밝혔다. 언론에서는 방수 비닐에 휘감겨 있던 죽은 이 여성을 '텐트 걸(Tent Girl)'이라 불렀다. 경찰은 끝내 텐트 걸이 누구인지, 누구에게 살해되었는지 밝혀내지 못했다.

30년 뒤인 1998년, 사이버 탐정 토드 매슈스의 활약 덕분에 수수께끼가 풀렸다. 매슈스는 이 사건에 깊은 관심을 가지고, 오랫동안 틈만 나면 인터넷을 샅샅이 뒤졌다. 그러던 어느 날 저녁, 실종자 정보가 담긴 웹사이트에서 죽은 여성과 설명이 일치하는 프로필을 발견한 매슈스는 곧장 실종자의 여동생에게

로운 주제 따위를 알아볼 때 가장 먼저 찾는 곳이다. 구글에는 이미지로 검색하는 기능이 있어, 인물 사진을 올리면 그 사람과 관련된 다른 사진도 찾을 수 있다. 사진이 담긴 페이지에서 사진 속 인물의 이름이나 주소 같은 정보를 더 얻을 수 있다.

- **소셜 미디어 사이트:** 페이스북, 트위터, 인스타그램 같은 곳이 있다. 사람들이 생각이나 의견 따위를 나누려고 사용하는 온

사실을 알렸다. 여동생은 경찰에 연락했고, 경찰은 시신을 땅에서 파낸 뒤 유전자 검사를 했다. 그 결과, 텐트 걸은 바버라 앤 해크먼 테일러였음이 밝혀졌다. '보비'라는 애칭으로 불리던 이 여성은 사망 당시 23세 주부였고, 생후 8개월 된 딸이 있었다. 남편 조지 얼 테일러는 아내의 실종 신고를 하지 않았으며, 처가 식구들에게 아내가 다른 남자와 도망쳤다고 말했다.

매슈스 덕분에 경찰은 남편이 유력한 용의자임을 밝혀낼 수 있었다. 하지만 남편은 1987년에 암으로 이미 사망했기 때문에 법정에 세울 수 없었다. 그 뒤로 매슈스는 '도우 네트워크(Doe Network)'를 구축하는 데 힘을 보탰다. 도우 네트워크는 3000명 넘는 실종자의 정보가 담긴 데이터베이스다.

미국에서는 해결되지 않은 범죄 사건을 추적하는 사람들이 도우 네트워크와 미국 법무부의 실종자 데이터베이스인 남어스(NamUs)를 활용한다. 2007년 만들어진 남어스는 2000건 이상의 실종 사건과 1500명 이상의 시신의 신원을 밝히는 일에 도움을 주었으며, 도우 네트워크는 90건의 사건을 해결하는 데 도움을 줬다.

라인 콘텐츠 사이트다. 다양한 관심사와 연령대의 사람들이 자주 방문하는 곳으로, 프로필에 개인 정보와 사진을 올리는 경우가 많다. 많은 사람이 개인 동영상을 올리는 유튜브도 정보를 알아보기에 좋은 곳이다. 링크드인에서는 직업과 개인 정보를 모두 찾아볼 수 있다. 사람들은 여기에서 다른 사람의 직장과 거주지를 비롯한 갖가지 정보를 알아낸다.

- **정부 기록:** 요즘에는 인터넷으로 여러 정보를 알아볼 수 있다. 하지만 민감한 개인 정보는 본인이나 직계 가족, 특정 기관에서만 찾아볼 수 있도록 되어 있다.
- **신문과 잡지 아카이브:** 여러 신문과 잡지 회사는 유료 또는 무료로 지난 기사를 검색할 수 있는 아카이브 사이트를 운영한다.*

서로 엿보는 기업들

오래전부터 기업들은 인터넷에서 서로 염탐해 왔다. 상대가 무엇을 하고 있는지 알아야 경쟁에서 유리하기 때문이다. 상대 회사의 연간 판매 수치, 경영진의 변화, 제품 개발 계획과 같은 정보를 얻으면 자기 회사에 이롭도록 제품을 수정하거나 마케팅 방법

---

*한국에서는 한국언론진흥재단에서 운영하는 사이트(bigkinds.or.kr)에서 기사와 뉴스를 대부분 볼 수 있다. 또한 국가통계포털(kosis.kr)에서는 통계청이 제공하는 각종 통계 자료와 온라인 간행물을 찾아볼 수 있다.

을 바꿀 수 있다.

어떤 회사가 합법적인 정보 검색으로 경쟁사의 새로운 텔레비전, 라디오, 온라인 광고 전략을 미리 알아냈다고 가정해 보자. 그 회사는 광고를 재빨리 만들어, 경쟁사가 광고를 내놓기 전에 선보일 수 있다. 그렇게 공중파와 온라인 광고를 먼저 노출해서 경쟁사의 고객을 빼앗아 올 수 있다.

인터넷에는 의외로 기업 정보가 많이 나와 있다. 기업 연구원은 사업과 경쟁사에 관련된 쓸 만한 정보를 찾으려고 공개된 데이터베이스는 물론이고 회원 가입해야 사용할 수 있는 데이터베이스까지 샅샅이 뒤진다. 구글 검색만으로 얻을 수 있는 정보도 많지만, 깊이 파고들어야만 알아낼 수 있는 정보도 있다. 많은 기업이 디앤비 후버스D&B Hoovers나 이비스 월드IBIS World 같은 기업 정보 데이터베이스나 뉴스 서비스에 가입한다.

사이버 스토킹, 도를 넘은 탐정 행위

사이버 탐정 행위가 도를 넘어서면 사이버 스토킹이 될 수 있다. 사이버 스토킹은 온라인에서 나쁜 의도를 가지고 타인에게 끊임없이 공포감과 불안감을 일으키는 행위다. 사이버 스토커는 특정 인물을 따라다니며 괴롭힌다. 그 사람의 소셜 미디어 페이지에 들어가 조용히 게시물을 확인하는 정도에 그치기도 하지만, 더

미국 연방 대법관 후보자에게 불리한 증언을 해서 신상 털기의 피해자가 된 크리스틴 블레이시 포드. 온라인에서 다른 사람을 공격하고 위협하는 일은 범죄 행위다.

나아가 게시물에 위협적이거나 무례한 댓글을 남기기도 한다. 위치 태그가 있는 게시물과 사진을 보고 피해자가 있는 곳을 알아내 직접 찾아가 괴롭히고, 악성 소프트웨어로 웹캠을 해킹해 피해자를 훔쳐보기도 한다. 대개 성 범죄자가 이런 방법으로 표적에 다가간다.

사이버 괴롭힘과 신상 털기도 사이버 스토킹에 속한다. 사이버 괴롭힘은 피해자에게 위협적이거나 마음에 상처를 줄 수 있는 이메일을 보내거나, 그런 글을 온라인 게시판에 올리는 것 같은 행위를 말한다. 신상 털기는 피해자의 주소와 전화번호 같은 개인 정보를 퍼뜨리고, 다른 사람들에게 피해자를 괴롭히자고 부추기는 것을 일컫는다.

미국에서는 2019년에 대학 교수 크리스틴 블레이시 포드가 신상 털기의 피해자가 됐다. 미국 연방 대법관 후보자 브렛 캐버노를 성폭행 혐의로 고발했기 때문이다. 포드는 캐버노와 관련된 청문회에서 고등학교 시절 캐버노에게 성폭력을 당했다고 증언했다. 캐버노 지지자들은 트위터에 포드의 집과 이메일 주소, 전화번호를 올렸다. 온갖 괴롭힘과 협박에 시달린 포드는 집을 떠날 수밖에 없었다. 이러한 사이버 스토킹은 범죄 행위다. 현재 미국에서는 주법과 연방법 모두 스토킹을 범죄로 규정하며 사이버 스토킹 역시 똑같이 처벌받는다.*

만약 사이버 스토킹의 피해자가 되면 어떻게 해야 할까? 먼저 스토커와 엮이는 일을 피해야 한다. 스토커가 보내는 메시지를 모두 차단한다. 그리고 모든 소셜 미디어 계정의 암호를 바꾸고, 폭력적 게시물을 내려 달라고 소셜 네트워크 관리자에게 요청한다. 스토킹이 계속되면 부모와 교사, 상담사, 경찰에게 알린다. 부끄러워하거나 숨기려 해서는 안 된다. 이건 여러분의 잘못이 아니다. 되도록 여러 사람과 기관에 도움을 구한다.**

* 한국에서는 2021년 '스토킹 범죄의 처벌 등에 관한 법률'이 시행되어 가해자 처벌과 피해자 보호 절차가 마련되었다.

** 한국에서 사이버 스토킹을 신고하려면 가까운 경찰서에 가거나 경찰청에서 운영하는 사이버 범죄 신고 시스템을 이용하면 된다. 청소년은 전화번호 '117'번을 누르면 학교 폭력 신고 센터에 도움을 요청할 수 있다.

혹시 데이트 전에 상대에 대한 정보를 인터넷에서 검색해 보는가? 여러분이 그렇게 하는 동안, 상대도 여러분에 대한 정보를 알아보고 있을 수 있다.

미국의 배경 조사 전문 기업 JDP에 따르면, 61퍼센트의 사람들이 첫 데이트 전에 상대를 인터넷에서 조사해 본다고 한다. 사람들이 가장 많이 찾는 곳은 페이스북으로, 데이트 상대를 조사하는 사람들 가운데 88퍼센트가 방문한다. 그 다음은 구글로, 조사 대상자의 70퍼센트가 방문한다. 인스타그램은 53퍼센트, 트위터와 링크드인은 각각 29퍼센트와 21퍼센트의 사람들이 데이트 상대에 대한 정보를 검색하기 위해 방문한다. 심리치료사이자 데이트 상담 전문가인 레슬리베스 위시는 '상대의 소셜 미디어 게시물을 살펴보는 일은 건전한 행위다. 그렇게 해서 상대의 관심사나 성취, 목표, 배우고 훈련한 것을 알 수 있다'고 말한다.

얼마나 자주 데이트 상대에 대해 검색하나요?

하지만 데이트 상대에 대해 지나치게 많이 알아보는 것은 문제가 될 수 있다. 한 예로 '스티브'라는 남자는 온라인 데이트 사이트에서 '피아노베이비'라는 아이디를 사용하는 여성을 발견했다. 그 여자의 프로필이 마음에 들었던 스티브는 말을 걸기 전에 더 많은 정보를 알고 싶었다. 그래서 피아노베이비의 사진을 구글 이미지에 입력했고, 다른 웹사이트에 있는 그 여자의 프로필을 찾았다. 그렇게 해서 스티브는 여자의 실명이 '줄리'임을 알았고 줄리가 어디서 자랐는지, 어느 대학을 다녔는지, 무엇을 하며 돈을 버는지도 알아냈다. 더 나아가 줄리가 일 때문에 이용하는 웹사이트를 방문했고, 유튜브에 업로드한 영상 몇 개를 봤다. 가장 좋아하는 식당과 음악 취향 말고도 많은 것을 알아냈다. 마침내 줄리의 집 주소와 전화번호까지 알아낸 스티브는 온라인 데이트 사이트가 아닌 줄리의 개인 전화로 연락해 줄리를 놀라게 했다. 스티브는 줄리의 관심사와 전에 살았던 곳, 다녀온 곳 따위를 얘기하면서 대화의 물꼬를 트려고 했다. 하지만 줄리는 모든 이야기가 소름 끼치게 느껴졌다. 스티브의 사전 정보 검색 때문에 불쾌해진 줄리는 결국 스티브의 데이트 제안을 거절했다.

스티브처럼 지나치면 문제가 되지만, 적당한 검색은 자신과 맞지 않는 상대를 걸러내고 혹시 모를 나쁜 일을 피하는 데 도움을 줄 수 있다. 많은 사람이 온라인 검색으로 데이트 상대가 이미 결혼했거나 다른 사람과 연애 중임을 알아챈다. 전문가들은 이렇게 말한다. "우리는 즐겁고 안전한 관계를 맺고 싶어서 상대를 검색해 봅니다. 믿을 만한 사람인지 확실히 알고 싶으니 그러는 거죠."

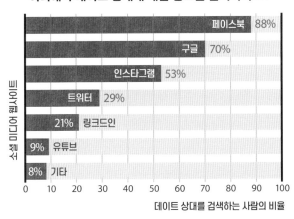

어디에서 데이트 상대에 대한 정보를 검색하나요?

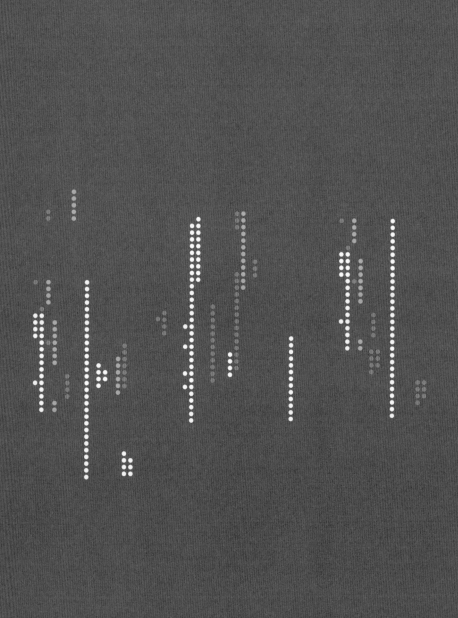

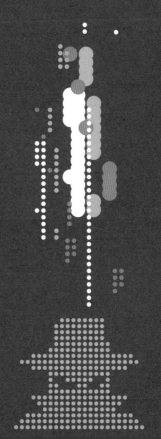

3장

사이버 스파이_
불법으로 정보를 훔친다

$2\mathrm{O}$17년과 2018년, 전 세계 대학은 사이버 스파이의 표적이 되었다. 스파이들은 해킹으로 대학의 온라인 도서관에 있던 아직 발표되지 않은 연구 보고서와 자료를 훔쳤다.

수법은 간단했다. 이들은 표적으로 삼은 대학의 교수, 직원, 학생에게 학교나 학교 도서관에서 보낸 것처럼 꾸민 이메일을 보냈다. 이메일에는 도서관 계정을 다시 활성화해야 한다는 메시지와 함께 링크가 첨부되었다. 메일을 받은 사람이 링크를 클릭하면 진짜 도서관 홈페이지처럼 보이는 페이지로 넘어갔다.

하지만 그 페이지는 가짜였다. 스파이들은 가짜 도서관 홈

페이지를 이용해 도서관 사용자의 아이디와 비밀번호를 손에 넣었다. 그런 뒤 도서관 웹사이트에 로그인해 회원만 볼 수 있는 귀중한 연구 자료와 갖가지 정보를 내려받았다. 그 가운데는 정부의 극비 프로젝트와 관련된 정보도 있었고, 가치가 큰 과학적 연구 자료도 있었다.

작전은 전 세계 대학과 연구 기관을 대상으로 이뤄졌다. 스파이들은 미국, 캐나다, 오스트레일리아, 중국, 이스라엘, 일본을 비롯한 14개국의 76개 대학과 연구소를 표적으로 삼았다. 47개의 민간 기업과 미국 노동부, 유엔UN, United Nations도 표적이 되었다. 스파이들은 기밀 정보를 얻기 위해 가짜 웹사이트 300개를 동원했다.

미국의 정보 보안 전문가들은 사이버 스파이 무리를 '코발트디킨스'라고 이름 지었다. 그리고 추적에 나선 결과, 배후에 이란군의 이슬람혁명수비대IRGC, Islamic Revolutionary Guard Corps가 있다는 사실을 밝혀냈다. 그 전에 같은 일로 적발되었던 단체였다. 2017년 이 단체의 공격을 받은 후, 미국 법무부는 단체에 소속된 이란인 9명을 31테라바이트 이상의 데이터를 훔친 혐의로 기소했다. 이 정도 데이터는 20억 페이지 이상의 문서 분량이다. 그런데 이 단체가 2018년에 똑같은 일을 다시 벌인 것이다. 스파이 침입을 발견한 정보 보안 업체 시큐어웍스는 스파이들이 해킹한 정보를 팔려고 했다고 말했다.

코발트 디킨스는 2018년 이후에도 공격을 계속했다. 2019년 8월, 정보 보안 전문가들은 코발트 디킨스의 새로운 피싱 활동을 찾아냈다. 이번에도 대상은 전 세계 대학이었다. 정체가 드러났음에도 코발트 디킨스는 공격을 이어 가고 있다.

법을 뛰어넘는 사이버 스파이

사이버 탐정이 법 테두리 안에서 정보를 캐낸다면, 사이버 스파이는 법을 뛰어넘는다. 스파이는 정부나 기업의 기밀 정보를 얻으려고 온라인에서 불법적인 수단을 쓴다. 경제적, 정치적, 군사적 이익을 위해 온갖 작전을 펼친다.

사전은 스파이를 '한 국가나 단체의 비밀이나 상황을 몰래 알아내어 경쟁 또는 대립 관계에 있는 국가나 단체에 제공하는 사람'으로 정의한다. 사이버 스파이는 컴퓨터를 사용해 인터넷에서 스파이 활동을 하는 사람이다.

사이버 스파이의 역사는 1980년대로 거슬러 올라간다. 한 예로 1986년 서독의 해커 마르쿠스 헤스는 각지에 있는 미군 기지 컴퓨터에 접속했다. 헤스는 구소련의 첩보 기관인 KGB에 팔 만한 군사 기밀을 찾고 있었다. 현재 러시아 영토를 기반으로 한 소련은 미국의 오랜 적이었다. 미국 캘리포니아주의 한 국립 과학 연구소에서 시스템 관리자로 일하던 클리퍼드 스톨은 헤스의 침입을 알아차렸다. 연구소 컴퓨터에서 이상한 움직임을 발견하고는 해커를 잡으려고 함정을 만들었다. 정보 보안 전문가들이 흔히 '허니팟honeypot*'이라고 부르는 이 함정은 그럴듯해 보이지만 실은 가짜인 데이터가 담긴 컴퓨터 서버**였다. 헤스는 그것이 가짜라는 사실을 몰랐다. 헤스가 전화 접속 회선을 통해 서버에 접속했을 때 스톨은 헤스의 전화번호를 알아내 법 집행 기관에 전달했다. 서독 정부는 헤스를 체포하고 컴퓨터에 있던 가짜 데이터를 찾아냈다. 헤스는 사이버 범죄로 유죄 판결을 받았다.

1996년 러시아 정부를 위해 일하는 것으로 추정되는 해커 집단이 미국의 다양한 정부 기관을 대상으로 수년간 사이버 침투를 벌였다. 숨어든 기관은 미국의 해군, 공군, 국방부, 항공우주국NASA, National Aeronautics and Space Administration과 몇몇 군사 기지였다. 해커들은 언제든 기관의 컴퓨터 시스템에 다시 들어갈 수 있도록 백도어를 만들었다. 기밀 정보를 훔쳤을 뿐만 아니라 침투한 컴퓨터 서버에서 러시아로 정보를 빼돌리는 소프트웨어를 설치했다. 미국 조사 팀은 '문라이트 메이즈Moonlight Maze'라고 불리는 이 사건으로 해커에게 도난당한 모든 자료를 종이에 출력해 쌓으면 아마도 자유의 여신상의 다섯 배 높이에 이를 거라고 추측했다.

21세기에 접어들어, 기업이 주로 온라인에서 소통하게 되면

---

*꿀벌을 유인하기 위해 꿀단지를 설치하듯, 해커를 유인해 잡기 위해 중요한 정보가 있는 것처럼 꾸며 놓아 해킹을 유도하는 컴퓨터 시스템.

**컴퓨터 네트워크에서 다른 컴퓨터에 서비스나 정보를 제공하기 위한 호스트 컴퓨터 또는 소프트웨어.

서 사이버 스파이 활동은 더욱 잦아졌다. 2009년 한 해커 집단은 미국의 여러 기업을 상대로 수백 건의 사이버 공격을 했다. 정보 보안 전문가들은 이 사건을 '오로라 작전'이라 부르며, 배후에 중국 정부가 있음을 알아냈다. 해커 집단이 공격한 기업 중 하나는 구글이었는데, 구글의 컴퓨터 서버에서 미국 정부의 감시를 받는 중국 스파이에 대한 정보를 찾아냈다. 또한 해커들은 억압적인 중국 정부에 반대하는 목소리를 낸 중국 인권 운동가들의 지메일 계정도 열어 봤다. 어도비, 노스롭그루먼, 시만텍을 비롯한 최소 30개 기업의 제품 설계, 마케팅 계획, 제조와 품질 관리 기준 같은 비밀 정보를 훔쳤다.

2014년 11월, 북한 정부가 고용한 해커 집단은 영화 제작사 소니 픽처스를 공격했다. 스스로를 '평화의 수호자'라고 부르는 이 해커들은 코미디 영화 〈디 인터뷰The Interview〉가 북한의 최고 지도자인 김정은을 모욕했다고 여겨 소니의 출시 계획을 방해한 것이다. 그 뒤 소니는 이 영화를 DVD로는 출시했으나 극장 개봉은 하지 않기로 했다.

소니를 향한 공격은 두 가지 형태로 이뤄졌다. 해커들은 먼저 소니의 컴퓨터 네트워크에 숨어들어 많은 양의 기밀 데이터를 복사했다. 이 데이터에는 급여 정보, 영화와 직원에 대한 사적인 이메일, 아직 개봉되지 않은 영화의 대본, 앞으로 제작될 영화 계획 따위가 담겨 있었다. 이 단체는 빼돌린 자료를 대중에게 공개

북한의 최고 지도자를 풍자한 영화 <디 인터뷰>. 북한 해커들은 이 영화에 분노해 강력한 악성 코드로 소니 픽처스를 공격했다.

해, 감춰져 있던 회사의 정책이나 뒷소문을 퍼트리며 사업을 방해했다. 또 다른 공격은 악명 높은 악성 코드 샤문Shamoon의 변종을 소니 컴퓨터 네트워크에 퍼트린 것이었다. 이 악성 코드는 회사 컴퓨터와 서버의 하드 드라이브를 지워서 며칠 동안이나 전체 네트워크가 오프라인 상태가 되도록 만들어, 회사 직원들이 정상 업무를 하지 못하도록 했다.

　　이 공격이 일어난 뒤 당시 미국 대통령 버락 오바마Barack Obama는 미국이 상응 조치를 할 것이라고 말했다. 미국 정부의 사이버 보안 부서는 비밀리에 움직이므로 그 대응이 무엇인지 알 수 없었다. 그리고 한 달 뒤, 북한 전역에서 10시간 이상 인터넷 연결

신뢰를 바탕으로 정보를 빼내는 '사회 공학'

사회 공학(Social Engineering)은 컴퓨터 보안에서 기술적 방법이 아닌 사람들 간의 신뢰를 기반으로 사람을 속여 비밀 정보를 빼내는 방법이다. 사이버 스파이는 사회 공학을 자주 활용한다. 전화나 이메일을 통해 기업 안내 직원에게 거짓말을 해서 로그인에 필요한 정보를 얻는 것도 사회 공학에 속한다.

대표적 사회 공학으로 피싱과 스피어 피싱이 있다. 피싱 사기는 사용자가 암호 같은 개인 정보를 드러내도록 속인 뒤, 그 정보를 이용해 보안을 뚫고 로그인할 목적으로 만들어진다. 사이버 범죄자는 피싱 공격을 할 때 '한 명만 걸려라' 하는 속셈으로 여러 명에게 똑같은 이메일을 보낸다. 이처럼 불특정 다수에게서 개인 정보를 빼내려고 하는 피싱과 달리 스피어 피싱(Spear Phishing)은 특정 사람이나 회사의 정보를 캐내기 위한 공격이다. 공격자가 대상에 대한 정보를 미리 모으고 분석해 공격하므로 성공 확률이 높다.

2020년 2월에 일어난 스피어 피싱 사건을 예로 들어 보자. 피해자는 사업가인 바버라 코코란으로, 유망한 기업 투자를 소재로 한 미국의 인기 텔레비전 프로그램 〈샤크 탱크(Shark Tank)〉의 출연자이기도 했다. 가해자는 코코란의 개인 비서인 척하면서 실제 비서가 사용하는 것과 글자 하나만 다른 이메일 주소를 만들었다. 그러고 나서 코코란의 회계 담당자에게 'Ffh Concept GmbH'라는 독일 회사에 38만 8700달러 11센트를 보내라는 내용의 이메일을 보냈다. 그 돈이 무엇에 쓰이냐고 회계 담당자가 묻자, 코코란이 투자한 독일 아파트를 설계하기 위한 것이라는 대답이 돌아왔다. 담당자는 모든 게 합법적으로 보여 송금을 승인했다. 가해자는 사전 조사를 통해 코코란의 비서와 회계 담당자의 이름과 이메일 주소, 나아가 코코란이 독일 부동산에 투자했다는 사실까지 알았고, Ffh Concept GmbH가 진짜 독일 회사라는 것도 알았다. 하지만 이메일에 적힌 계좌는 가해자의 것이었다.

나중에 송금 사실을 알게 된 진짜 비서는 코코란이 사기를 당했음을 깨달았다. 코코란의 정보 기술 담당 직원이 추적해, 피싱 이메일이 중국의 한 서버에서 왔음을 밝혀냈다. 직원은 돈이 송금된 독일 은행에 사실을 알렸다. 은행은 중국으로 돈이 흘러가는 걸 막았고, 코코란은 큰돈을 잃지 않았다.

이 끊어졌다. 사건의 배후에 미국이 있었을까? 그렇다고 해도 미국 정부 스파이들은 순순히 인정하지 않을 것이다.

기업의 기밀 훔치기

정부의 정보 기관뿐만 아니라 민간 범죄 조직도 스파이 활동을 한다. 2010년대 '버터플라이'라는 해커 집단은 애플, 페이스북, 마이크로소프트, 트위터를 비롯한 여러 대기업에 숨어들었다. 그리고 직접 만든 악성 프로그램을 사용해 비싼 값에 팔 수 있는 기업의 고급 정보를 훔쳤다. 전문가들은 여전히 이 집단이 펼친 공격의 배후에 누가 있었는지 모른다.

많은 기업이 인기 있는 음식의 조리법이나 제품 제조와 장비 관련 세부 정보 같은 기밀을 훔치려고 사이버 스파이 행위를 한다. 그렇게 해서 얻은 정보를 활용해, 경쟁사의 제품과 비슷하거나 더 뛰어난 제품을 만든다. 2019년 9월, 유럽의 항공 우주 기업인 에어버스는 여러 차례 사이버 공격을 받았다고 밝혔다. 스파이들은 비밀 정보를 손에 넣으려고, 에어버스의 제트 엔진을 만드는 롤스로이스를 포함한 몇몇 하청 업체에 몰래 침입했다. 에어버스 항공기의 부품에 관련된 기술 문서를 빼내려 했는데, 특히 비행기가 앞으로 나아가도록 만드는 시스템과 관련된 문서에 눈독을 들였다. 스파이들이 첨단 기술로 감쪽같이 흔적을 지웠기 때문에, 에어버스는 중국 회사가 벌인 짓일 거라고 의심할 뿐 명확하게 범인을 밝히지 못했다.

미국의 대외 관련 최고의 전문가 집단인 국제전략문제연구 소The Center for Strategic and International Studies는 사이버 스파이 활동이 세계 경제에 연간 6000억 달러 가까이 피해를 끼친다고 추정했다. 여기에는 도둑맞은 지적 재산뿐만 아니라 사이버 공격 때문에 업무를 제대로 못해서 생긴 손해도 포함된다.

정부의 기밀 훔치기

사이버 스파이 행위는 대부분 국가의 군대와 첩보 기관에 중요한 무기와 같다. 정부는 컴퓨터로 다른 나라를 정탐하고, 군사 기밀을 훔치고, 네트워크를 공격한다. 정부가 표적으로 삼는 대상은 다른 나라 정부나 테러 집단, 위험 인물이다. 대상은 달라도 방식은 늘 똑같다. 보안 컴퓨터 네트워크에 침입해 기밀 정보를 훔치고, 때로는 더 나아가 작동을 방해하는 것이다.

정부 차원에서 비밀리에 벌인 사이버 스파이 행위 가운데 유명한 예로 '타이탄 레인Titan Rain' 작전을 들 수 있다. 중국 해커들은 이 작전을 펼쳐서 2003년부터 2007년까지 미국과 영국의 여러 정부 기관을 침입했다. 미국 연방수사국, 항공우주국, 에너지부, 국토안보부와 영국 외무부, 국방부에 숨어들었고, 미군에 무

항공기나 전투기를 비롯한 각종 탈것의 도면 같은 상업 문서는 수백만 달러의 가치를 지닌다. 해커는 이런 귀중한 데이터를 훔치기 위해 기업 웹사이트를 공격한다.

기와 탈것을 제공하는 몇몇 제조사에도 침입했다.

　　타이탄 레인은 중국 정부가 지원한 공격으로, 참여 해커들은 중국 군대인 인민 해방군 소속이었다. 해커들은 정부 보안 서버에서 군사 기밀 따위의 민감한 정보를 빼내는 것을 목표로 움직였다. 작전을 진행하는 동안 침투한 네트워크에 손상을 입히지 않도록 계획을 짰다. 네트워크의 정상 작동을 방해하지 않도록 주의했기에 들키지 않고 계속 들락날락하면서 더 많은 비밀을 빼갈 수 있었다.

　　해커들은 먼저 표적으로 삼은 컴퓨터 시스템을 훑어보면서

민간 보안 업체의 틈을 파고드는 스파이

미국 정부를 위해 일하는 사이버 스파이가 모두 정부에 직접 고용되어 있지는 않다. 경영 컨설팅 회사인 부즈 앨런 해밀턴, 잠수함과 전투기에 주력하는 군수 산업체인 제너럴 다이내믹스, 그리고 휴렛 팩커드, IBM 같은 민간 기업에 소속되어 일하는 경우도 많다. 미국 정부는 일부 정보 보안 업무를 처리하기 위해 이런 기업들과 계약을 맺는다. 그런데 정부와 계약한 민간 기업은 자사의 보안 수준을 직접 제시할 수 있다.

이런 기업의 직원들은 관공서에서 일하면서도, 정부 소속 직원처럼 엄격한 심사 과정을 거치지는 않는다. 이것이 보안 유출의 원인이 될 수 있다. 널리 알려진 에드워드 스노든(Edward Snowden)의 예를 살펴보자. 당시 부즈 앨런 해밀턴의 직원이었던 스노든은 하와이의 국가안보국 사무실에서 IT 관리자로 일했다. 그곳에서 스노든은 국민을 염탐하려는 미국 정부의 활동이 담긴 비밀 문서를 입수해 기자들에게 넘겼다. 이 사건 이후 정부뿐만 아니라 정부와 계약을 맺은 민간 기업도 정보 보안 직원들을 심사하는 규칙을 엄격하게 만들었다.

정부가 민간 기업에 정보 보안 업무를 맡길 때 생겨날 수 있는 또 다른 문제는 민간 기업을 통해 해커들이 공격할 수 있다는 점이다. 작은 기업은 큰 기업이나 정부 수준의 보안을 갖추지 못하는 경우가 많다. 해커는 이런 작은 기업의 취약성을 이용해 정부 시스템에까지 접근한다. 한 예로 2018년 중국 정부의 해커들은 미국 해군 소속 해저 전쟁 센터(Naval Undersea Warfare Center)에서 일하던 정보 보안 직원의 컴퓨터에 침입했다. 해커들은 '시 드래곤(Sea Dragon)'으로 알려진 해군 비밀 프로젝트와 관련된 자료뿐만 아니라 엄청나게 많은 군사 정보를 훔쳤다. 이들이 훔친 정보는 직원의 컴퓨터 네트워크에 저장되어 있었고, 사이버 위협에 쉽게 노출되어 있었다.

보안의 취약점을 찾았다. 그런 다음 피싱을 비롯한 여러 속임수를 써서 사용자 로그인 정보를 얻었다. 시스템에 침입한 해커들은 나중에 또 들어올 수 있도록 백도어를 설치했다. 그리고 발각되지 않도록 신경 쓰면서, 느긋하게 끊임없이 데이터를 훔쳤다.

2005년에야 정보 보안 전문가들이 타이탄 레인을 발견했다. 그 뒤 미국과 영국 정부가 시스템 보안을 완벽히 갖추고 공격을 차단하기까지 몇 년이 걸렸다. 타이탄 레인 이후 미국과 중국 사이 긴장은 더욱 커졌다. 관계자들은 중국의 사이버 스파이 행위를 중국과 유럽, 북아메리카 국가 사이에 벌어질 사이버 전쟁의 시작으로 보았다.

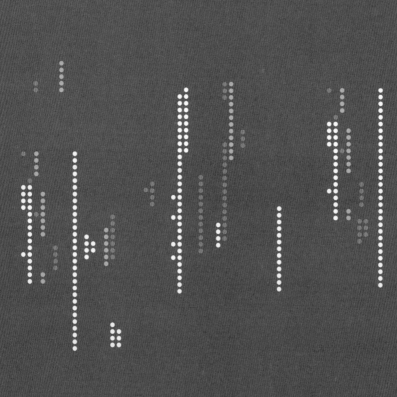

4장

사이버 세계에서
정보 전쟁을 벌이는 선거

정치판은 치열하다. 정치인은 때때로 경쟁자와 죽느냐 사느
냐를 놓고 진흙탕 싸움을 벌인다. 경쟁에서 이기려고 상대
에 대한 정보를 샅샅이 모은다. 이렇게 모은 정보는 유권자가 보
는 데서 상대를 공격하거나 당황하게 만드는 데 사용된다.

　선거에 후보로 나선 많은 이가 몰래 정보를 찾아볼 사람을
고용한다. 고용된 사람은 인터넷에서 상대 후보가 과거에 남긴
말과 글을 검색한다. 수년 전 소셜 미디어에 남긴 글까지 거슬러
올라가서 쓸 만한 것을 찾아본다. 또한 정부 기록을 포함해 이용
할 수 있는 모든 온라인 기록을 살펴보면서, 경쟁 후보에게 부정
적 영향을 줄 수 있는 자료를 찾으려고 애쓴다.

2018년 미국 상원 의원 선거가 치러질 때 워싱턴주 정부는 사이버 공격으로부터 투표 시스템을 보호하기 위해 공군의 정보 보안 전문가들과 함께 일했다.

경험 많은 조사원 앨런 허프먼은 온라인으로 상대편을 조사하는 과정을 자세히 설명했다. "처음엔 미친 듯이 구글 검색을 해서 상대에 대해 알 수 있는 모든 걸 파악합니다. 그런 다음 법률 검색 서비스 업체인 렉시스넥시스를 샅샅이 뒤져 어떤 사례가 있었는지를 확인하죠. 재임을 노리는 현 공직자라면 그동안 어떤 법을 지지했는지, 어떤 의견을 냈는지를 살펴볼 겁니다. 세금을 제대로 냈는지도 알아보죠. 그러다 보면 흥미로운 사실들을 알아내곤 합니다."

불법적 방식으로 정보 캐기

상대 후보의 나쁜 점을 찾아내려고 공공 기록을 검색하는 건 합법이다. 하지만 오랜 세월 동안 수많은 정치인이 불법적인 방식으로 상대의 정보를 캐 왔다. 악명 높은 예로 1972년 미국 대통령 선거 기간에 일어난 워터게이트 사건을 들 수 있다. 공화당 출신 리처드 닉슨Richard Nixon 대통령의 재선을 바라는 사람들이 상대 진영인 민주당 본부가 있는 워싱턴시의 워터게이트 빌딩에서 도청을 비롯한 많은 범죄를 저지른 사건이다. 가장 도드라지는 범죄는 공화당 정보원들이 민주당 대통령 후보 관련 정보를 훔치려고 민주당 전국 위원회의 사무실에 침입한 일이다. 단순하고 전통적 방식의 첩보 행위였고 법을 어긴 행동이었다. 침입을 비롯해 공화당이 저지른 다른 범죄들이 밝혀지자 리처드 닉슨은 대통령직에서 물러났다.

21세기에는 정치적 첩보 행위가 주로 온라인에서 이뤄진다. 첩보원은 인터넷으로 상대 후보나 정당의 정보를 캔다. 외국 첩보원이 다른 나라 선거에 영향을 끼치려고 정보를 염탐하는 일도 자주 일어난다. 2019년 한 해에만 전 세계의 정당과 사회 운동 단체를 상대로 한 800건 이상의 사이버 스파이 사례가 보고됐다. 예를 들어 2019년 11월 영국 선거 기간에는 보수당과 노동당 양쪽의 컴퓨터가 모두 공격받았다.

워터게이트 사건으로 1974년 8월에 사임을 발표하는 리처드 닉슨. 37대 미국 대통령으로 재선을 노렸으나, 지지자들이 상대 진영인 민주당 사무실에 침입해 비밀 정보를 훔치려고 한 것이 드러나 대통령직에서 물러났다. 오늘날에는 이러한 정치 첩보 행위가 주로 온라인에서 일어난다.

마이크로소프트의 고객 보안과 신뢰 담당 부사장인 톰 버트는 정치적 사이버 공격이 대체로 엇비슷한 수순을 따른다고 말한다. "선거 운동 초반에는 비정부 기구와, 정책을 만들고 선거 운동 본부와 소통하는 두뇌 집단이 첩보 집단의 공격을 받습니다. 투표일에 가까워질수록 선거 운동 본부와 그곳 구성원이 쓰는 개인 이메일이 자주 공격당합니다."

미국 캘리포니아 출신의 민주당 하원 후보인 한스 키어스테드는 이러한 사이버 첩보 작전의 피해자였다. 작전은 2017년 8월, 여러 첩보원이 키어스테드에게 마이크로소프트 오피스 공식 메시지로 보이는 가짜 이메일을 보내면서 시작됐다. 이 스피어 피싱 이메일은 키어스테드가 이메일 비밀번호를 입력하도록 만들었다. 후보자는 가짜 이메일이었음을 재빨리 깨닫고, 이메일 시스템을 보호해 달라고 시스템 관리자에게 요청했다. 빠른 대응 덕분에 다행히 무단 접속은 이루어지지 않았다.

작전은 거기서 그치지 않고 그해 12월 키어스테드의 선거 운동 웹사이트와 웹 서버*를 향한 대규모 공격으로 이어졌다. 해커들은 두 달 반에 걸쳐 컴퓨터가 생성한 수십만 개의 아이디와 비밀번호를 사용해 네트워크에 로그인하려고 했다. 정확한 아이디와 비밀번호를 찾아냈다면 선거 운동 본부의 서버에 들어갈 수 있었을 것이다. 운동 본부의 트위터 계정에도 들어가려고 했지만, 어떤 시도도 성공하지 못했다.

정보 보안 전문가들은 이 첩보 행위가 범죄 조직이나 정치적 목적을 지닌 핵티비스트 집단 또는 이해관계가 얽힌 다른 나라에 의해 이뤄졌을 가능성이 있다고 봤다. 배후에 러시아가 있는 것으로 유력하게 거론되었다. 전문가들은 러시아 군대와 정책 입장을 지지하는 것으로 알려진 공화당 데이나 로러배커 하원 의원이 재임하도록 만들려고 러시아 정부와 연결된 해커 집단이 작

---

*웹 페이지를 나타내는 파일들을 제공하고 관리하는 프로그램.

전을 펼친 거라고 추측했다.

해커들은 대량 공격을 퍼붓고도 키어스테드의 선거 운동 본부에 숨어들지 못했다. 그리고 키어스테드가 민주당 후보 경선에서 일찌감치 탈락하는 바람에 총선거에서 공화당 후보 로러배커와 맞붙는 일은 일어나지 않았다.

해킹으로 의견을 펼치는 '핵티비스트'

핵티비스트(Hacktivist)는 해킹으로 자신의 의견을 펼치는 정치 활동가를 일컫는다. 스스로를 '명분 있는 해커'라고 부르기도 한다. 핵티비스트의 주된 활동으로는 웹사이트 훼손하기, 자신의 메시지로 게시판 도배하기, 싫어하는 조직에 사이버 공격을 퍼붓기, 반대하는 공직자의 신상 털기 따위가 있다.

오늘날 가장 큰 핵티비스트 집단 가운데 '어나니머스(Anonymous)'가 있다. 2003년 처음 등장한 어나니머스는 '익명'이라는 뜻으로, 말 그대로 이름을 숨기고 활동한다. 개인의 욕심을 채우거나 사기 행각을 벌이는 해커와 달리, 인터넷 표현의 자유와 사회 정의를 추구하며 다양한 활동을 펼쳐 왔다.

2011년 어나니머스는 민주화 운동을 탄압한 이집트와 튀니지의 정부 웹사이트를 공격함으로써 튀니지에서 아랍·서아시아 국가와 북아프리카 일대로 퍼져 나간 반정부 시위 운동인 '아랍의 봄'을 지지했다. 2020년 2월에는 유엔 웹사이트를 해킹해, 그곳에 대만의 유엔 가입을 촉구하는 글과 대만 독립을 형상화한 배너를 올렸다. 대만이 중국으로부터 독립해 유엔이 인정하는 자치 국가가 되기를 바라는 뜻을 담은 상징적인 행동이었다. 유엔 웹사이트 관리자는 어나니머스가 만든 대만 페이지를 재빨리 지웠다.

미국 대선에 러시아인이 몰려온다

2016년 미국 공화당 도널드 트럼프Donald Trump 후보가 민주당 힐러리 클린턴Hillary Clinton 후보를 꺾은 대통령 선거 때에도 온라인 첩보 활동이 치열하게 벌어졌다. 선거 전, 러시아를 기반으로 활동하는 사이버 스파이 집단이 민주당 전국 위원회의 컴퓨터 네트워크를 해킹했다. 공격은 스피어 피싱으로 시작되었다. 해커 집단은 전국 위원회 직원들의 아이디와 비밀번호를 알아내려고 가짜 이메일을 보냈다. 원하는 정보를 손에 넣은 뒤, 이메일 서버에 들어가 수천 통의 이메일과 문서를 훔쳤다. 그러고 나서 훔친 이메일 더미를 정부나 기업의 비윤리적 행위를 폭로하는 단체인 위키리크스Wikileaks에 넘겼고, 위키리크스는 그 내용을 대중에 공개했다.

미국 정부 조사관들은 이 일을 벌인 사이버 첩보 집단이 러시아 정부와 끈끈하게 연결되었음을 밝혀냈다. APT28과 APT29 또는 '팬시 베어'와 '코지 베어'라는 별명으로 불리는 두 집단은 적어도 2010년부터 활동해 왔다. 원래 미국과 유럽의 정부와 군대를 표적으로 삼아 전통적 첩보 활동을 벌였으나, 점차 사이버 스파이 집단으로 바뀌었다.

러시아의 미국 대통령 선거 개입은 전국 위원회 해킹에 그치지 않았다. 러시아 소속 첩보 집단은 대규모로 가짜 뉴스를 퍼뜨리는 작전을 펼쳤다. 미국 유권자를 혼란스럽게 하고 잘못된

길로 이끌기 위한 것이었다. 가짜 뉴스는 여론에 영향을 끼치거나 진실을 가리기 위해 언론 보도 형식으로 일부러 퍼뜨려진 거짓 정보다.

기자들이 '막심' 또는 '막스'라고 부른 한 러시아 청년은 2016년 미국 대선을 앞두고 러시아 첩보 집단이 어떻게 가짜 뉴

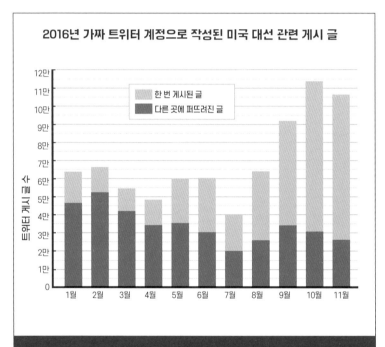

2016년 가짜 트위터 계정으로 작성된 미국 대선 관련 게시 글

2016년 미국 대선 운동이 시작되자 러시아의 인터넷 리서치 에이전시는 트위터와 다른 소셜 미디어에 가짜 계정 수천 개를 만들었다. 이 계정을 이용해 미국의 온라인 공간에 대통령 선거에 대한 가짜 뉴스가 넘치도록 만들었다. 위 표는 2016년 러시아의 인터넷 리서치 에이전시가 가짜 트위터 계정으로 올린 어마어마한 수의 게시 글을 보여 준다.

스 작전을 펼쳤는지 털어놓았다. 막스는 러시아 상트페테르부르크국립대학교를 졸업한 뒤, 2014년부터 2015년까지 1년 반 동안 인터넷 리서치 에이전시IRA에서 일했다. 러시아 정치인과 기업인을 대신해 정치 선전을 벌이는 곳이었다. 미국 첩보원들은 이 에이전시가 2016년 미국 대선에 깊이 관여했다고 본다.

선거 전에 이 에이전시는 미국의 유력한 대통령 후보 가운데 누가 러시아에 도움이 될지 조사했다. 도널드 트럼프의 정책이 힐러리 클린턴의 정책보다 러시아에 유리하다는 결론이 나자, 에이전시는 트럼프가 당선되도록 돕는 쪽으로 노선을 정했다.

막스의 말에 따르면 에이전시는 러시아 담당 부서와 외국 담당 부서로 나뉘어 있고, 각 부서에 약 200명의 직원이 있다고 한다. 러시아 담당 직원들은 페이스북과 트위터 같은 소셜 미디어 사이트에 자동으로 가짜 계정이 생성되도록 만든다. 그리고 '로봇 계정' 또는 '봇'이라 불리는 이 가짜 계정으로 거짓 뉴스와 트럼프에 유리한 게시물을 끊임없이 올리고 퍼 날랐다.

막스가 속했던 외국 담당 부서는 더 복잡한 임무를 맡았다. 그 일은 미국 유권자들의 불만과 분열을 부추기는 것이었다. 막스는 그때 상황을 떠올리며 말했다. "저와 동료들은 세금 문제, 동성애자와 성 소수자 문제, 무기 문제와 같은 미국의 정치적 문제에 대해 알게 됐어요." 이들은 넷플릭스 드라마를 보면서 미국 정치를 공부했다. 또한 온라인에서 미국인처럼 보이기 위해 영어

수업도 들었다.

막스와 동료들은 〈뉴욕 타임스〉와 〈워싱턴 포스트〉를 비롯한 미국 주요 신문의 기사를 읽고 댓글을 달았다. '문제를 일으키라'는 지시에 따라 적극적으로 논쟁에 참여했다. 이들의 궁극적 목표는 미국의 정계와 민주 정부 시스템에 대한 시민의 신뢰를 무너뜨리는 것이었다.

기밀 정보를 공개하는 '위키리크스'

아이슬란드에 기반을 둔 위키리크스는 익명의 제보자에게서 받은 기밀 정보를 사람들에게 알리는 비영리 단체다. 위키리크스는 직접 해킹을 하지는 않지만, 해커가 입수한 정보를 공개하는 경우가 많다. 이 단체는 설립 이후 10년 동안 유출 문서 1000만 건을 공개했다고 주장하는데 그 가운데는 아프가니스탄, 이라크, 예멘과의 전쟁과 관련된 미군 기밀문서도 포함된다. 위키리크스는 러시아 해커가 힐러리 클린턴이 미국 국무장관이었을 때 사용한 개인 이메일 서버에서 훔친 이메일과 2016년 대선 기간 동안 민주당 전국 위원회에서 훔친 이메일을 공개했다.

위키리크스를 설립한 오스트레일리아 출신의 줄리언 어산지(Julian Assange)는 자신이 이끄는 단체가 정부와 군대의 악행을 폭로함으로써 불의와 싸우고 있다고 말한다. 그러나 위키리크스를 범죄 조직으로 보는 이들도 많다. 미국 정부는 전직 미군 정보 분석관 첼시 매닝이 군사 기밀문서를 훔치는 일을 도운 죄로 어산지를 기소했다.

해킹되기 쉬운 투표 기계

해킹으로 투표를 방해하는 일도 있다. 해커 집단은 개표 결과를 조작하기 위해 유권자 목록이 있는 데이터베이스나 투표 기계를 공격할 수 있다. 경험 많은 사이버 스파이에게 투표 기계를 해킹하는 건 쉬운 일이다. 투표 기계는 대개 인터넷에 직접 연결되어 있지 않지만, 그 기계를 프로그래밍하는 데 쓰이는 컴퓨터는 인터넷을 사용한다. 투표 기계의 작동을 조작할 목적으로 이러한 컴퓨터에 악성 소프트웨어를 심는 일은 비교적 쉽다.

사이버 스파이는 유권자 등록 명부를 변경하는 방식으로도 투표 결과에 영향을 미칠 수 있다. 등록된 유권자 목록에서 누군가의 이름을 지우거나, 정당한 유권자를 중죄인으로 표시해 투표할 수 없게 만든다. 후보자 사이의 표 차이가 얼마 나지 않을 때는 이런 방법으로 수천 표만 조작해도 승패에 큰 영향을 미칠 수 있다.

2016년 미국 대선이 끝나고 3년 뒤, 상원 정보 위원회는 선거 기간 동안 50개 주 모두가 투표 시스템에 사이버 공격을 당했다고 밝혔다. 여러 전문가는 러시아 해커 집단이 이런 공격을 했을 거라고 추측한다. 보고에 따르면 러시아 해커들은 유권자 데이터를 지우거나 변경할 수 있다고 한다.

이 보고서는 사이버 공격 때문에 2016년 대선 결과가 바뀌

미국의 전자 투표 현장. 해킹에 취약한 전자 투표 기계는 공정한 선거에 걸림돌이다.

었다는 증거는 없다고 주장했다. 하지만 이런 공격이 계속되면 나중에는 결과에도 큰 영향을 미치게 될 것이다. 미시간대학의 컴퓨터 공학과 교수 앨릭스 핼더먼은 이렇게 말했다. "러시아든 다른 적대국이든, 공격자들이 실제로 선거 기반 시설을 파괴하거나 조작하는 건 시간문제입니다. 미리 막지 않으면 언젠가는 일어날 일이죠."

그렇다면 어떻게 사이버 공격에서 투표 시스템을 보호할 수

우편 투표가 더 안전하다

2020년 봄부터 퍼져 나간 코로나바이러스 때문에 전 세계 수많은 사람이 아프거나 목숨을 잃었다. 사람 사이의 만남을 통해 바이러스가 퍼지므로, 사람들은 재택근무를 비롯한 여러 방법으로 거리 두기를 했다.

선거철이 다가오자, 사람들은 투표소에 바이러스가 퍼질까 봐 걱정했다. 사람들이 줄을 서서 움직이고, 투표소 직원들과 이야기 나누고, 투표용지를 만지는 과정에서 바이러스가 쉽게 퍼질 수 있기 때문이다.

감염 확산을 줄이기 위해 미국의 여러 주에서 우편 투표를 하기로 했다. 노인과 특별한 사정이 있는 유권자는 벌써 수년 전부터 우편 투표를 할 수 있도록 되어 있었다. 하지만 코로나바이러스가 널리 퍼진 뒤에는, 좀 더 많은 이들이 투표소를 거치지 않고 우편 투표를 할 수 있도록 여러 주에서 선거법을 바꿨다.

미국의 몇몇 정치인은 우편 투표에 반대했다. 투표권 없는 사람이 위조된 용지를 사용해 투표에 참여할 수 있다고 주장했다. 하지만 선거 관리자들은 우편 투표가 부정행위로 이어진다는 증거는 없다고 말한다. 우편 투표 시스템에는 몇 가지 안전장치가 있다. 이를테면 유권자의 신원을 확인하기 위해 서명을 대조하고, 투표용지가 어디에서 어디를 거쳐서 배달되었는지 추적하는 것이다. 그렇기 때문에 우편 투표는 해킹되기 쉬운 전자 투표 기계로 투표하는 것보다 안전하다.

있을까? 방법은 간단하다. 투표용지만 사용하거나, 굳이 전자 투표 기계를 써야만 한다면 종이 투표를 병행해서 기록을 남기면 된다. 투표용지는 전자 파일처럼 해킹될 수 없다. 투표용지가 증거로 남아 있으면, 사이버 공격 때문에 개표 기록이 조작되는 일은 없을 것이다.

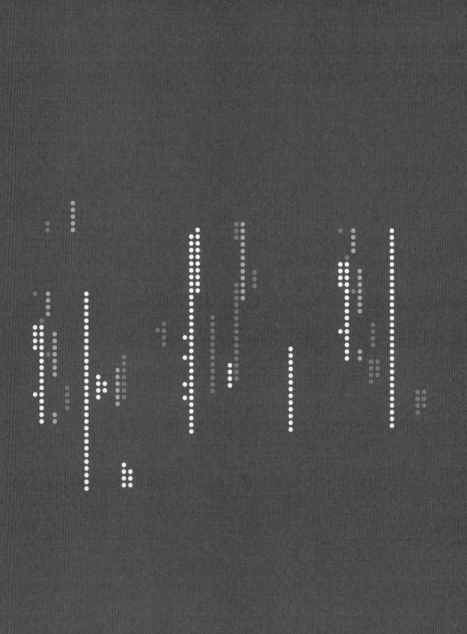

5장
가짜 뉴스를 널리 퍼뜨리는
소셜 미디어

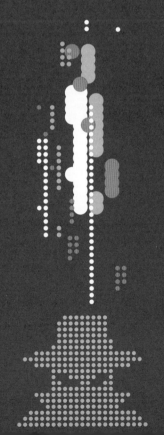

세스 리치Seth Rich는 민주당 전국 위원회에서 일하는 27세 청년이었다. 리치는 대학교에서 정치학을 전공했고, 졸업 후 워싱턴 D.C.의 민주당 전국 위원회에서 일하게 됐다.

친구들은 리치가 외향적이고 유쾌한 성격이며, 투표권을 보호하고 확대하는 데에 열정을 보였다고 말했다. 리치는 고위급 직원도, 정계의 핵심 인물도 아니었다. 그저 정치를 좋아하고 자기 일을 즐기는 사람이었다.

2016년 7월 10일 이른 아침, 리치는 정치인들이 자주 드나드는 술집에서 친구들과 시간을 보낸 뒤 집으로 걸어가고 있었다. 집에서 얼마 안 떨어진 거리에서 여자 친구와 휴대 전화로 이야

세스 리치의 죽음에 대한 진상을 밝히라고 주장하는 미국 극우 시위대. 수많은 사람이 미국 극우 음모론 집단인 큐어논을 뜻하는 #QAnon 해시태그를 사용해 정치 선전, 음모론, 가짜 뉴스를 여기저기 퍼뜨렸다.

기를 나누던 리치에게 두 남자가 다가와 시비를 걸었다. 리치는 현장에서 주검으로 발견되었다. 경찰은 리치의 얼굴, 손, 무릎에 멍이 있고, 등에 두 군데의 총상이 있다고 발표했다.

사건을 수사한 경찰은 두 강도가 저지른 우발적 살인이라고 결론 내렸다. 6주 전부터 같은 동네에서 이와 비슷한 무장 강도 사건이 7건이나 일어났고, 리치 사건도 비슷하게 보였기 때문이다.

리치가 살해당했다는 소식을 들은 가족과 친구들은 큰 충격에 빠졌다. 거기서 이야기가 끝났더라도 충분히 비극적인 일이었다. 그러나 며칠 뒤, 이 살인 사건은 2016년 미국 대통령 선거 운동의 판도를 뒤흔든 정치 선전의 중심이 되었다.

몇몇 사람은 모든 반대 증거에도 아랑곳하지 않고, 민주당 전국 위원회 직원이었던 세스 리치가 같은 당의 대선 후보인 힐러리 클린턴이 고용한 암살단에게 살해당했다고 주장했다. 러시아 사이버 스파이 집단이 처음 만들어 낸 이 거짓 소문은 공화당 소속 첩보원과 보수 언론에 의해 미국 곳곳으로 퍼졌다.

사건이 일어나고 사흘 뒤인 7월 13일, 러시아의 대외정보국SVR 요원들은 실제 미국 첩보 보고서처럼 꾸민 가짜 게시물을 만들어 퍼뜨렸다. 비교적 낮은 직급의 세스 리치가 클린턴 선거 운동 본부의 부패에 대해 연방수사국에 보고하러 가는 길이었고, 이때 후보자가 고용한 암살자에게 봉변을 당했다는 내용이었다. 물론 모두 새빨간 거짓말이었다.

그 뒤로 몇 주 동안 이 거짓 이야기는 미국 보수 진영의 여러 웹사이트에 퍼졌다. 이야기는 금세 부풀려져 민주당 전국 위원회에서 훔친 이메일을 위키리크스에 유출한 사람은 러시아 공작원이 아닌 리치였다는 소문까지 돌았다. 몇몇 사이트에서는 리치가 살해당한 것을 힐러리의 남편인 빌 클린턴 전 대통령이 설립한 비영리 단체인 클린턴 재단에 대한 연방수사국의 수사와 연관 지었다.

러시아 정부 소유의 언론인 RT와 스푸트니크 통신은 전 세계로 나가는 방송에서 거짓 이야기를 퍼트렸다. 온라인에서도 페이스북, 트위터와 다른 소셜 미디어를 통해 이와 같은 정치 선전이 퍼져 나갔다. 한편 러시아의 인터넷 리서치 에이전시는 미국 정당이나 일반 국민의 것처럼 보이는 소셜 미디어 가짜 계정을 수백 개 만들었다. 그리고 이 계정들을 사용해 2016년 선거 전까지 리치의 죽음에 관한 이야기를 2000회 이상 올리거나 퍼 날랐다. 결국 그 게시물은 그 이야기를 진짜로 믿은 수십만 명의 실제 사용자에 의해 다시 퍼뜨려졌다.

이 거짓 이야기는 수많은 보수 라디오와 텔레비전 뉴스 해설자에 의해 반복해서 보도되었다. 이들 매체는 11월 선거 기간 동안 거짓 사건이 진실인 것처럼 많은 이들의 대화에 오르내리도록 애썼다.

트럼프가 당선된 뒤에도 트럼프 측근들은 또다시 이야기를 밀고 나갔다. 트럼프의 수석 전략가였던 스티브 배넌은 방송 제작자에게 리치의 살인 사건에 대해 '엄청난 이야기다. 계획된 청부 살인이 분명하다'는 문자 메시지를 보냈다. 트럼프의 오랜 친구인 로저 스톤은 트위터에 리치의 사진과 함께 이런 글을 올렸다. "클린턴과 관련된 또 다른 시체……. 우연일까? 난 아니라고 본다."

왜 러시아는 리치의 죽음에 대한 거짓 이야기를 지어내 퍼뜨렸을까? 우선 클린턴 후보가 정직하지 않으며 사악한 거래에 연루되었다는 잘못된 생각을 퍼트려 트럼프 당선에 힘을 실어 주

미국의 보수적 뉴스 채널인 폭스 뉴스 진행자 숀 해니티. 세스 리치 사건을 민주당 전국 위원회와 연관 지은 가짜 뉴스를 퍼트렸다.

는 게 목표였을 것이다. 그러나 선거가 끝난 뒤에도 허위 사실을 퍼뜨리는 이들에겐 더 나아간 목표가 있었다. 바로 2016년 미국 대선에 러시아가 개입했다는 의혹으로부터 관심을 돌리는 것이다. 당시 미국 법무부는 러시아의 선거 개입 여부를 조사하며 민주당 전국 위원회 컴퓨터 해킹, 트럼프 선거 운동 본부와 러시아 정부 사이의 협력 가능성 따위를 파헤치고 있었다.

리치 사건을 조사한 연방 검사 데버라 사인즈는 말했다. "제가 보기엔 러시아가 연방 범죄 수사를 피하기 위해 벌인 일로, 속셈이 뻔히 보였습니다. 러시아가 왜 이런 일을 벌이느냐고요? 사람들이 이렇게 생각한다고 가정해 보면 이유를 쉽게 알 수 있어요. '만약 세스 리치가 위키리크스에 정보를 유출한 거라면……러시아와는 아무 상관없게 되잖아?' 러시아가 원하는 건 아주 명확하죠. 목표는 간단해요. 모든 걸 세스 리치의 탓으로 돌리는 거죠. 그보다 만만한 표적이 어디 있겠어요."

가짜 뉴스 피하기

세스 리치 사건은 가짜 뉴스가 어떻게 만들어져 퍼지는가를 잘 보여 주는 사례다. 가짜 뉴스는 소셜 미디어를 비롯해 의도적으로 사람들을 속이는 웹사이트를 통해 널리 퍼져 나가 대중의 판단력을 흐리고, 거짓 정보를 더 널리 퍼뜨린다. 가짜 뉴스는 다음과 같은 형태를 띤다.

- **거짓으로 지어낸 뉴스 기사, 소셜 미디어 게시물 또는 밈**^{Meme}*: 사람들을 혼란스럽게 하고 속이는 내용을 담는다. 대체로 어떤 주제나 사람에 대한 잘못된 정보를 전하거나 완전히 거짓된 '사실'을 담고 있으며, 진짜 뉴스처럼 보이도록 만들어지기도 한다. 뉴스 홈페이지처럼 보이도록 만들어진 웹사이트에 올라오는 경우도 있다.
- **편파적이거나 오해의 소지가 있는 보도**: 많은 뉴스 매체가 편파 보도를 하지 않으려고 노력하지만 한쪽에 치우친 시각이 어쩔 수 없이 드러날 때가 많다. 진보든 보수든 한쪽으로 기운 정치색을 띤 방송국, 출판사, 웹사이트는 자기주장을 밀고 나가기 위한 이야기를 만들어 낸다. 이런 매체는 노선에 맞지 않는 이야기를 일부러 다루지 않거나, 자기네가 내세우는

---

* 재미를 목적으로 만들어진 그림, 사진, 짧은 영상.

가치에 모순되는 사실을 빼거나, 한 방향으로 기울어진 보도를 해서 사람들에게 영향을 끼치려 한다. 엄밀히 말해 이런 뉴스는 '가짜'는 아니지만 편향적이며 때때로 오해를 불러일으킬 수 있다.

- **사실로 위장된 의견:** 많은 언론 매체가 사실과 개인 의견을 뒤섞어서 보도한다. 특히 케이블 방송이나 팟캐스트가 그러하다. 이런 매체는 주제나 사건의 진상을 파헤치는 기자가 아닌 정치계 권위자를 고용한다. 이들 권위자는 사실 그대로 알려 주지 않고 자기 의견을 얘기한다. 방송에 나와서 의견을 쏟아 대는 권위자가 너무 많아서, 시청자는 어디까지가 진짜 뉴스이고 어디부터가 개인 의견인지 헷갈리게 된다.

- **음모론:** 어떤 사건이 비밀스러운 집단의 음모 때문에 벌어졌다고 믿는 것을 말한다. 음모론에는 대체로 정부나 군대 같은 힘 있는 집단이 사건의 주체로 등장한다. 예를 들어, 몇몇 미국인은 미국 정부가 1969년 달 착륙을 조작했다고 믿는다. 그 사람들은 중계된 영상이 실은 영화 스튜디오에서 촬영된 거라고 말한다. 물론 그건 사실이 아니다. 미국 항공우주국은 실제로 그해와 그 뒤에도 몇 번이나 우주 비행사들을 보내 달 착륙에 성공했다.

21세기에 접어들어, 가짜 뉴스가 걷잡을 수 없이 쏟아져 나오고 있다. 이런 뉴스 가운데에는 이쪽 아니면 저쪽으로 편 가르기를 하도록 유도하는 정치 관련 뉴스가 많다. 정치와 상관없는 주제를 다루는 것도 있다. 암이나 다른 치명적인 질병이 기적적으로 치료될 수 있다고 말하는 건강 관련 거짓 기사를 예로 들 수 있다.

가짜가 아닌 가짜 뉴스

몇몇 정치인은 정상적인 기사도 자기 마음에 들지 않으면 가짜 뉴스라고 말한다. 대표적인 정치인으로 도널드 트럼프가 있다. 트럼프는 자기를 좋지 않은 시각으로 담은 기사를 '가짜 뉴스'라고 하고, 반대 진영의 매체를 '가짜 뉴스 매체'라고 부른다.

트럼프 같은 정치인들이 가짜 뉴스라고 깎아내리는 뉴스는 사실 가짜가 아니다. 합법적인 방송국이 공정한 지침에 따라 취재해 내보낸 진짜 뉴스다. 정치인이 멀쩡한 기사를 '가짜'라고 부르는 진짜 이유는 숨기고 싶은 사실을 부인하거나 관심을 다른 데로 돌리기 위해서다. 하지만 가짜라고 부른다고 해서 진짜 뉴스가 가짜가 될 수는 없다. 출처를 의심하는 것으로는 진실을 바꿀 수 없다.

그럼에도 불구하고 올바른 뉴스를 '가짜'라고 우기는 것은 정치인과 권력자에게 효과적인 도구다. 뉴스의 사실 여부에 의문을 제기하면, 진실로부터 대중의 주의를 돌리고 그것을 보도하는 사람들에게 흠집을 낼 수 있기 때문이다. 자꾸 가짜 뉴스를 외치는 행위는 사람들이 잘못 판단하도록 만들고, 혼란과 의심과 분열을 가져온다.

가짜 뉴스로 돈 벌기

왜 사람들은 가짜 뉴스를 만들까? 돈 때문인 경우도 있다. 몇몇 개인과 회사는 자기 웹사이트에 많은 사람을 끌어들여 광고 수익을 늘리려고 가짜 뉴스를 만든다.

구글 애드센스 같은 온라인 광고 회사는 광고를 실으려는 웹사이트와 광고주를 짝지어 준다. 웹사이트 방문자가 사이트 내 광고를 클릭하면 광고주는 웹사이트에 소액의 수수료를 떼어 주는데, 이것을 '클릭당 지불 방식'이라고 한다. 사이트에 방문자가 많아질수록 광고 클릭이 발생할 가능성도 커진다. 광고를 클릭하는 방문자 수가 늘어나면 사이트 운영자가 광고로 얻는 수익 또한 늘어난다.

2016년 미국 대통령 선거를 앞두고 몇몇 웹사이트 제작자는 가짜 뉴스가 방문자들에게 엄청나게 인기 있다는 사실을 알게 됐다. 뉴스에 담긴 이야기가 자극적이고 기이할수록 인기가 많고, 자연스레 더 많은 광고 수익을 가져왔다.

한 예로, 남부 유럽의 북마케도니아라는 작은 나라에 사는 청소년 집단은 겉보기에 그럴싸한 웹사이트 수백 개를 만들었다. 10대와 20대 초반으로 구성된 운영자 집단은 원래 정치적 목적이 없었지만, 트럼프에게 유리하면서 힐러리 클린턴에게 불리한 이야기를 올렸을 때 방문자 수가 최고로 올라 어마어마한 수익이 발생한다는 사실을 알아챘다.

'친트럼프 반클린턴'이라는 조건에 맞는, 완전히 거짓으로 꾸며 낸 이야기일수록 더 많은 수익을 불러들였다. 이들이 만든 사이트 가운데 한 사이트는 선거 기간 동안 한 달에 평균 100만 건 이상의 조회 수를 기록했고, 몇몇 사이트는 1만 달러(우리돈 약 1300만 원) 이상의 수익을 거뒀다.

가짜 뉴스로 정치적 목적 이루기

가짜 뉴스 가운데에는 덜 해로운 것도 있지만, 의도적으로 거짓말을 퍼뜨리고 대중의 불만을 일으키려고 만들어진 것이 많다. 사이버 정치 선전 또는 온라인 정치 선전은 후자에 속하며, 정치적 목표를 위한 좀 더 큰 전략의 일부로 이루어질 때가 많다.

온라인에서 정치 선전을 펼치는 사람들의 목적은 주로 여론과 투표 결과에 영향을 미치는 것이다. 이러한 범죄를 저지르는 사람은 정당의 당원이나 정보원일 수도 있고, 다른 나라의 선거 결과에 막대한 이해가 걸린 외국 정부일 수도 있다.

사이버 정치 선전을 펼치는 대표적인 나라로 러시아를 꼽지만, 그 밖의 다른 나라도 그런 일을 벌인다. 미국의 한 정보 보안 업체 대표인 리 포스터는 '여러 나라가 제 나라의 지정학적 이익을 추구하기 위해 가짜 뉴스를 활용할 능력과 의지를 보였다'고

러시아 모스크바에 있는 크렘린 궁전. 이곳에 본부를 둔 러시아 정부는 2016년 미국 대선에 영향을 끼치려고 가짜 뉴스를 만들어 퍼뜨렸다.

밝혔다.

러시아 외에 다른 나라의 정치에 영향을 미치려고 하는 대표적인 국가로 미국, 중국, 이란, 이스라엘, 사우디아라비아, 아랍에미리트 연합국, 베네수엘라가 있다. 한편 자기네 나라 정치에 영향을 미치려고 온라인 정치 선전을 펼치는 나라로 이집트, 멕시코, 필리핀, 카타르, 튀르키예가 있다.

러시아가 온라인에서 펼친 정치 선전이 트럼프를 비롯한 미국 보수 정치인을 지지하는 경향을 보인 것처럼, 다른 나라들도 저마다 정치적 목표를 갖고 있다. 예를 들어 사우디아라비아는 이웃 나라인 카타르와 경쟁 구도에 놓여 있다 보니 다른 서아시아 국가가 자국을 지지하도록 압력을 넣는 데 초점을 맞춘다. 이란은 트럼프의 반이란 정책에 맞서 정치 선전을 펼쳤다.

이러한 온라인 정치 선전의 한 예를 살펴보자. 2019년 3월 16일, 얼리샤 허넌이라는 여성은 트위터에 트럼프에 대한 글을 남겼다. "저 멍청이는 모르는 것 같다. 악당을 만들어 내고, 증오에 가득 찬 말을 내뱉고, 타인에 대한 두려움을 만들어 냄으로써 자기 메시지가 전 세계 광신도들에게 퍼지고 있다는 걸. 아니면 알고 있을지도 모르지."

트위터 프로필에 따르면, 허넌은 누군가의 아내이자 두 아들의 어머니이며 뉴욕에 사는 '평화를 사랑하는 사람'이다. 그런데 문제는 얼리샤 허넌이 존재하지 않는 인물이라는 데 있다. 사진 속 허넌은 커다랗고 동그란 안경을 쓴 금발 여성이지만, 실제로 @AliciaHernan3라는 트위터 계정을 만든 사람은 이란의 사이버 스파이이다.

이란 사이버 스파이 집단은 미국 유권자와 공직자에게 영향을 끼치기 위해 가짜 계정을 만들어 게시물을 올렸다. 이 계정은 트위터가 2019년에 확인하고 폐쇄한 7000개가 넘는 가짜 계정 가운데 하나였다. 이 가짜 계정들은 트럼프에 반대하고 자국에 유리한 여론을 형성하기 위해 이란 요원들이 쏟아부은 노력의 일부였다.

사이버 정치 선전은 어떻게 퍼져 나갈까?

온라인 정치 선전은 소셜 미디어에 어느 날 갑자기 나타나는 것이 아니다. 가짜 뉴스는 대부분 최대 효과를 내기 위해 세밀한 계획 속에 작성된다.

세스 리치 음모론에서 알 수 있듯, 가짜 이야기는 대부분 더 큰 허위 정보 공작의 일부다. 이러한 헛소문은 가짜 뉴스 기사에서 비롯되거나 페이스북, 인스타그램, 트위터 같은 소셜 미디어에서 시작되며 대개 여러 계정에 의해 수백, 수천 번 게시된다. 이때 사용되는 계정은 대체로 실제 사람이 아닌 조작된 신분으로 만들어진 것이고, 자동화 봇에 의해 작동된다.

게시물이 많을수록 다른 사람의 소셜 미디어 뉴스 피드^{news feed}*에 나타날 가능성도 커진다. 게시물을 퍼트리는 건 가짜 사용자들이므로, 어찌 보면 가짜 뉴스는 스스로 번식한다고도 볼 수 있다. 하지만 어느 순간부터 가짜 뉴스를 퍼 나르는 주체가 실제 사용자로 바뀐다. 가짜 게시물을 읽은 사람 가운데 몇몇이 자기 계정에 그 기사를 퍼 오기 때문이다. 이 사람들은 거짓 정보를 믿거나 동의해서 자신이 어떤 행동을 하는지 정확히 알지 못한 채 친구나 지인과 공유하려 한다.

---

*소셜 미디어 사이트에서 친구 네트워크에 속한 회원들의 활동 · 메시지 · 추천 목록 따위를 계속 업데이트해 주는 것.

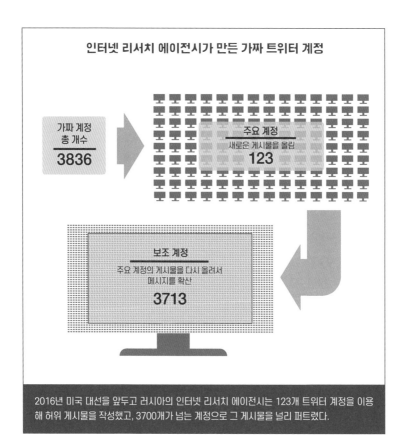

인터넷 리서치 에이전시가 만든 가짜 트위터 계정

가짜 계정
총 개수
3836

주요 계정
새로운 게시물을 올림
123

보조 계정
주요 계정의 게시물을 다시 올려서
메시지를 확산
3713

2016년 미국 대선을 앞두고 러시아의 인터넷 리서치 에이전시는 123개 트위터 계정을 이용해 허위 게시물을 작성했고, 3700개가 넘는 계정으로 그 게시물을 널리 퍼트렸다.

이런 식으로 가짜 이야기는 보통 사람들에게 스며들어 친구와 지인 사이에서 끊임없이 퍼진다. 어느새 소셜 미디어를 도배한 가짜 이야기는 전통적인 매체로 자리를 옮겨 케이블 뉴스의 전문가들에 의해 앵무새처럼 반복될 것이며, 마침내 신문의 사설란에 쓰일 것이다.

왜 사람들은 가짜 뉴스를 믿을까?

많은 사람이 거짓임이 분명해 보이는 이야기와 소셜 미디어 게시물을 믿는 것이 의아하게 여겨질 것이다. 도대체 무엇이 사람들로 하여금 가짜 뉴스를 믿게 만드는 걸까?

첫째 요인으로 대부분의 사람이 자기와 나이, 성별, 민족 등이 같거나 비슷한 사람을 비교적 쉽게 신뢰하는 점을 들 수 있다. 중년 백인 남성은 대체로, 젊은 흑인 여성보다 다른 중년 백인 남성을 신뢰한다. 자기와 엇비슷한 조건의 사람을 믿는 것이다. 따라서 만약 당신과 같은 민족과 정치 집단에 속한 사람이 어떤 이야기를 하면 설령 그것이 가짜 뉴스라고 해도, 소속된 집단 밖의 누군가가 하는 말보다 더 신뢰할 가능성이 크다.

둘째 요인으로 확증 편향이 있다. 확증 편향은 사람들이 본디 지닌 편견과 믿음을 확인시켜 주는 이야기를 믿으려고 하는 경향을 일컫는다. 만약 어떤 정치인이 부정직하다고 생각하는데, 그 정치인이 자선 단체에서 큰돈을 훔쳤다는 기사를 읽는다면, 그것이 거짓일지라도 믿을 가능성이 있다. 왜냐하면 이미 그 정치인에 대해 가지고 있던 편견을 확인했기 때문이다.

셋째 요인으로 인터넷과 편향적 케이블 뉴스 채널이 만들어 내는 '반향실 효과(Echo chamber effect)'가 있다. 이것은 언론 매체나 소셜 네트워크에서 같은 정보와 아이디어가 돌고 돌며 믿음을 크게 키우고 강화하는 것을 말한다. 우리는 좌파든 우파든 한쪽으로 치우친 뉴스와 개인화된 소셜 미디어가 흔해진 시대에 살고 있다. 그러다 보니 듣고 싶은 이야기만 들으려 하고, 다양한 의견을 접하기는 오히려 어려워졌다. 그래서 뉴스를 보면 자기가 애초에 가진 생각만 더 강해질 수 있다. 같은 말을 반복해서 들을수록, 진실 여부를 떠나 그 말을 믿을 가능성이 커지게 된다. 미국 밴더빌트대학의 심리학과 교수인 리사 파지오는 이렇게 설명한다. "무언가를 들으면 들을수록, 당신은 본능적으로 그것이 사실일지도 모른다는 느낌을 받게 될 겁니다."

미국에 기반을 둔 정보 보안업체 시만텍은 러시아가 2016년 대선 기간 동안 트위터를 이용해 정치 선전을 퍼뜨렸다고 주장했다. 이 작전을 계획하고 실행한 건 러시아의 인터넷 리서치 에이전시였다. 이 집단은 러시아 소유의 블로그에서 작전을 시작했다. 미국의 보수 유권자와 진보 유권자 모두의 시선을 끌기 위해 다양한 가짜 뉴스 기사를 올린 뒤, 3836개의 트위터 가짜 계정을 통해 널리 퍼트렸다. 계정은 대부분 자동화 봇으로 운영됐다.

일반적으로 봇은 원본 자료를 그대로 다시 올렸다. 하지만 몇몇 글은 에이전시 소속 직원이 다시 수정해 올리기도 했다. 게시물을 더 진짜처럼 보이게 하고, 트위터 관리자가 가짜를 찾아내기 어렵게 만들기 위해서였다.

사람들은 모르는 사람보다는 자신을 팔로우하는 사람들의 게시물을 더 쉽게 퍼 오는 경향이 있다. 그래서 이 봇 계정들은 320만 개의 합법적인 계정을 팔로우했다. 그 결과 이 가짜 계정들은 640만 명에 가까운 팔로워를 얻었다.

가짜 러시아 계정은 1000만 개 이상의 트위터 게시물을 만들었다. 그 가운데 많은 게시물이 팔로워가 많은 도널드 트럼프 같은 정치인과 인기 연예인을 비롯한 유명 인사에 의해 리트윗되었다. 심지어 〈워싱턴 포스트〉 같은 주요 언론도 속아 넘어가 가짜 게시물을 리트윗했다.

가짜 뉴스가 정말 위험한 까닭은?

미국 여론 조사 기관인 퓨 리서치 센터에 따르면 미국인 절반이 가짜 뉴스가 폭력 범죄, 기후 변화, 인종 차별, 불법 이민, 테러보다 사회에 더 큰 위협이라고 생각한다. 3분의 2 이상의 사람들은 가짜 뉴스로 벌어지는 혼란이 정부에 대한 신뢰에 큰 영향을 미쳤다고 말하고, 절반은 다른 사람에 대한 신뢰에 영향을 미쳤다고 말한다. 사람들은 더 이상 누구를 또는 어떤 출처를 믿어야 할지 모른다.

가짜 뉴스는 민주주의 사회의 뿌리마저 뒤흔든다. 선거 기간 동안 유권자가 올바른 선택을 하기 위해서는 참된 정보가 필요한데, 가짜 뉴스는 사실과 거짓을 구분하기 어렵게 만든다. 또한 정부에 대한 정확한 정보를 파악하는 것도 방해한다.

퓨 리서치 센터의 언론 연구 팀 임원인 에이미 미첼은 이렇게 말한다. "거짓으로 꾸며낸 뉴스의 영향은 단지 무엇이 진실인지 헷갈리게 하는 정도에 그치지 않습니다. 미국인들은 가짜 뉴스가 민주주의 시스템의 핵심 기능에 나쁜 영향을 미친다고 봅니다."

정치적 극단주의자들과 외국 정부가 펼치는 온라인 정치 선전은 선거 과정뿐만 아니라 선거 자체에 대한 사람들의 신뢰를 무너뜨린다. 가짜 정보를 퍼트리는 행위는 비록 거짓으로 드러났다 하더라도 유권자들이 특정 후보를 싫어하거나 좋아하게 만들 수 있다. 나아가 가짜 뉴스에 영향을 받아 한 후보에서 다른 후보로 수많은 표가 옮겨간다면, 후보 간의 표 차이가 적은 경우 당선자가 뒤바뀔 수 있다.

가짜 뉴스와 온라인 정치 선전은 사회에 매우 큰 영향을 미친다. 조작된 정보 때문에 두 나라 사이에 전쟁도 충분히 일어날 수 있다. 오늘날은 소셜 미디어라는 도구 덕분에 어느 때보다 첩보 집단이 개인과 국가에 쉽게 영향을 미칠 수 있는 시대다.

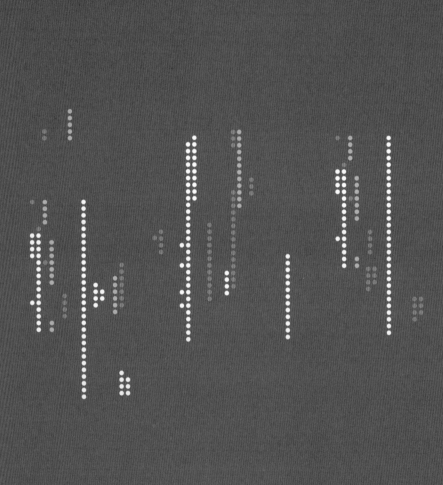

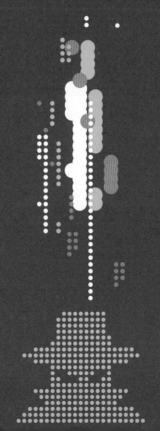

6장

컴퓨터를 볼모로 잡는
사이버 공격

□ 국 캘리포니아주에 있는 할리우드 장로교 병원은 424개 이상의 병상을 갖추고, 500명 이상의 의사가 1년에 1만 6000명이 넘는 환자를 치료해 왔다.

2016년 2월 5일, 한 직원이 병원 컴퓨터에서 청구서가 첨부된 이메일을 열었다. 메일에 포함된 파일은 마이크로소프트 워드 문서처럼 보였지만, 실은 록키Locky라는 이름의 바이러스가 들어 있는 악성 파일이었다. 록키는 랜섬웨어Ransomware였다. 랜섬웨어는 '몸값Ransom'과 '소프트웨어Software'가 합쳐진 말로, 시스템을 잠그거나 데이터를 암호화해 사용할 수 없도록 만든 뒤 이를 볼모로 금전을 요구하는 악성 프로그램을 일컫는다. 그러므로 록키에 감

2016년 랜섬웨어 공격으로 큰 타격을 입은 미국 할리우드 장로교 병원.

염된 컴퓨터를 다시 사용하려면 그 랜섬웨어를 설치한 사람이 요구하는 돈을 내야만 하는 상황이었다.

록키 바이러스는 직원의 컴퓨터를 감염시킨 뒤 병원 컴퓨터 네트워크 전체로 빠르게 퍼져 나갔다. 곧 여기저기에서 네트워크에 접속할 수 없다는 보고가 들려왔다. 병원은 바로 비상사태를 선포했고, 바이러스가 더 퍼지는 것을 막으려고 컴퓨터 시스템 전체를 오프라인으로 만들었다. 의사들은 환자의 병력을 열어 볼 수 없고, CT 촬영이나 엑스레이 따위의 검사 결과를 공유할 수 없었다. 병원 부속 약국은 아예 문을 닫았다.

접수처는 환자 입원 시스템이 마비돼 아수라장이 됐다. 직원들은 새로 온 환자들에게 펜과 등록 서류를 주며, 항목의 내용을 손으로 써 달라고 요청했다. 병원은 당장 진료받지 않아도 되는 환자들을 집으로 보내며 일정을 다시 잡도록 했다. 몇몇 환자는 다른 병원으로 옮겨졌다. 오래지 않아 병원의 모든 컴퓨터 화면에 록키를 설치한 자들이 몸값, 이를테면 협상 금액을 요구하는 메시지가 나타났다.

!!!! 중요 사항 !!!!
모든 파일은 RSA-2048와 AES-128 암호로 잠겼습니다…….
암호 해독은 개인 키와 암호 해독 프로그램을 통해서만 가능합니다.
그 프로그램은 저희의 비밀 서버에 있습니다.

메시지 뒷부분에는 링크를 클릭해 파일을 복원할 수 있는 키를 받으라는 안내문이 적혀 있었다. 병원의 정보 기술 직원이 링크를 클릭하자 몸값 40비트코인Bitcoin을 내는 방법이 나왔다. 비트코인은 디지털 화폐*로, 비트코인으로 거래하면 사용자 신원을 비밀로 할 수 있어서 추적이 어렵고 그것을 사용한 범죄자 또한 찾기 힘들다.

병원은 이런 사태를 대비해 자료를 다른 기기에 복사해 두

---
*지폐나 동전 같은 실물 없이, 네트워크로 연결된 가상 공간에서 전자적 형태로 사용되는 화폐. '가상 화폐' 또는 '암호 화폐'라고도 부른다.

지 않았다. 백업 자료가 없었기에 몸값을 내야만 했다. 병원은 시스템과 행정 기능을 복구하는 가장 빠르고 효율적인 방법은 몸값을 내는 것밖에 없다는 결론에 이르렀다. 병원은 40비트코인을 은행 계좌로 이체했는데, 그 과정에만 며칠이 걸렸다. 비트코인의 가치는 주식처럼 매일 변하는데, 당시 시세로 40비트코인은 약 1만 7000달러였다. 공격으로부터 열흘 뒤에 랜섬웨어 설치한 자들은 컴퓨터 잠금을 풀었고, 병원의 모든 서비스는 정상으로 돌아갔다.

사이버 범죄에 이용되는 '비트코인'

사이버 강도는 대체로 암호 화폐의 일종인 비트코인으로 지불하라고 요구한다. 암호 화폐는 지폐나 동전 같은 물리적 화폐가 아닌, 암호화된 컴퓨터 파일이다. 누구든지 사용하고 개발할 수 있는 오픈 소스(Open Source) 코드를 기반으로 하는 비트코인은 화폐와 달리 중앙은행처럼 통제하는 곳이 없다.

비트코인은 사용자가 기관을 거치지 않고 직접 데이터를 주고받는 형태인 P2P 거래 네트워크를 통해 온라인으로 배포된다. 비트코인으로 거래하는 사람은 신원을 비밀로 할 수 있어서 거래 내역을 추적하기가 어렵다. 이러한 특성 때문에 법망을 회피하고자 하는 마약 거래, 사이버 강도 같은 범죄에 쉽게 이용된다. 비트코인은 가상 자산 거래소에서 거래되고, 매일 가치가 달라진다. 2023년 5월을 기준으로 봤을 때, 비트코인 1개는 2만 8000달러 정도의 가치를 지닌다.

경찰과 미 연방수사국이 사건을 조사했지만, 가해자 신원을 파악할 수 없었다. 할리우드 장로교 병원은 다행히 더 이상 공격은 없었다고 보고했지만, 다른 사이버 범죄자가 이 수법을 본떠서 돈 벌 기회를 노릴 가능성은 얼마든지 있었다. 정보 보안업체 시만텍은 병원이 돈을 보낸 날로부터 일주일 안에 록키 바이러스가 포함된 이메일을 약 500만 통이나 발견해 보안 소프트웨어로 막았다고 전했다.

돈을 노린 사이버 공격

랜섬웨어 공격은 인터넷에서 이뤄지는 강도 짓이다. 피해자 가족이나 친지에게 몸값을 받을 때까지 피해자를 납치해 감금하는 일은 오래전부터 있어 왔다. 오늘날 사이버 강도는 피해자 컴퓨터와 데이터를 볼모로 잡고 몸값을 받을 때까지 풀어 주지 않는다.

사이버 강도는 특정 기업이나 정부 기관을 노리기도 하고, 여러 대상에게 한꺼번에 랜섬웨어를 보내기도 한다. 후자의 경우 랜섬웨어를 받은 이들 가운데 몇 명이라도 링크를 클릭하면, 컴퓨터에 바이러스를 풀 계획으로 움직인다.

랜섬웨어 공격에는 여러 방법이 있다. 가장 많이 쓰이는 방법은 이메일 피싱을 통한 것이다. 피해자가 의심 없이 이메일에 담긴 링크를 클릭한 뒤 사용자 이름과 암호를 입력하면, 공격자는 시스템에 접속해 랜섬웨어를 심을 수 있다. 또 다른 흔한 방법은 피해자에게 평범해 보이는 파일을 첨부해 이메일을 보내는 것이다. 첨부 파일을 열면 사용자 컴퓨터는 랜섬웨어에 감염된다.

사이버 강도 가운데에는 첫 침투 때 바로 공격하는 이들도 있고, 랜섬웨어가 컴퓨터 시스템에 널리 퍼지기를 참을성 있게 기다리는 이들도 있다. 그래서 어떤 랜섬웨어 공격은 첫 침투 후 몇 주 또는 몇 달 뒤에야 일어난다.

랜섬웨어는 강탈자의 공격이 시작되는 즉시 작동을 시작한다. 악성 소프트웨어는 감염된 시스템의 데이터를 암호화해 사용자가 접속할 수 없게 만든다. 몇몇 랜섬웨어는 감염된 컴퓨터의 운영 체제를 암호화해 컴퓨터를 쓸모없게 만들기도 한다. 가장 정교한 랜섬웨어는 데이터 백업도 감염시킬 수 있다. 그런 랜섬웨어에 공격당한 단체는 이전 데이터를 복원할 수 없게 되고, 자기네 컴퓨터 시스템에서 쫓겨나고 만다.

사이버 강도는 온라인에서 자기 흔적을 세심하게 감춘 뒤, 피해자에게 몸값을 요구하는 안내문을 보낸다. 안내문은 감염된 컴퓨터 화면에 자동으로 나타날 수도 있고 이메일로 올 수도 있다. 내용은 주로 피해자의 컴퓨터와 데이터가 암호화되었음을 알리고, 공격자의 요구 사항을 알려 주는 것이다. 이때 대부분은 추적할 수 없는 온라인 계좌에 비트코인으로 합의금, 곧 몸값을 보내라고 요구한다. 몸값은 수천에서 수백만 달러에 이를 수 있다.

몸값을 줄지 말지의 판단은 피해자 몫이다.

만약 기업이나 기관이 몸값을 내지 않기로 선택한다면, 그전에 백업한 데이터를 복원해야 한다. 랜섬웨어가 백업 데이터까지 공격하지 않았다면 효과적인 선택일 수 있다. 만약 전체 컴퓨터 시스템이 잠겨 버렸다면, 컴퓨터와 서버를 새로 사야 한다. 그러다 보면 몸값을 내지 않고 다시 구축하는 비용이 몸값보다 더 비싸질 수도 있다.

사이버 강도의 요구에 따라 몸값을 지불하는 것에도 위험이 따른다. 사이버 강도는 망가진 시스템을 복구하지 않은 채 돈만 받고 달아날 수도 있다. 강도가 잠긴 데이터를 열 수 있는 키를 제공했다고 해도 여전히 문제가 발생할 수 있다. 모든 데이터가 반드시 복구되는 건 아니기 때문이다. 손상된 파일과 시스템 일부는 복구되지 않는 경우가 많다. 그렇게 되면 피해를 입은 집단은 큰 손해를 본다. 며칠에서 몇 주 동안 일을 하지 못하는 데서 생기는 손실과 시스템을 다시 온라인 상태로 복구하는 데 드는 비용까지 떠안게 된다.

2019년 5월 미국 메릴랜드주의 도시인 볼티모어 전체가 랜섬웨어 공격을 받았다. 사이버 강도 집단은 7만 6000달러의 몸값을 요구했지만, 시장과 공무원들은 지불을 거부했다. 대신에 시는 몸값보다 훨씬 높은, 약 1000만 달러를 들여서 손상된 컴퓨터 시스템을 수리하고 데이터를 복구해야 했다.

이와 반대로 플로리다주의 도시 리비에라 비치는 같은 달에 비슷한 랜섬웨어 공격을 받고 몸값을 지불하기로 했다. 강도 집단은 65비트코인을 요구했는데, 당시 시세로 59만 2000달러에 이르는 값이었다. 몸값을 받은 강도 집단은 암호 해독 키를 제공했고, 도시는 데이터 90퍼센트를 복구한 뒤 60일 이내에 시스템을 다시 가동했다.

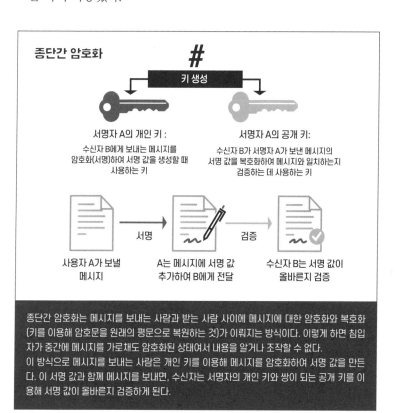

종단간 암호화

키 생성

서명자 A의 개인 키 :
수신자 B에게 보내는 메시지를 암호화(서명)하여 서명 값을 생성할 때 사용하는 키

서명자 A의 공개 키:
수신자 B가 서명자 A가 보낸 메시지의 서명 값을 복호화하여 메시지와 일치하는지 검증하는 데 사용하는 키

사용자 A가 보낼 메시지 → 서명 → A는 메시지에 서명 값 추가하여 B에게 전달 → 검증 → 수신자 B는 서명 값이 올바른지 검증

종단간 암호화는 메시지를 보내는 사람과 받는 사람 사이에 메시지에 대한 암호화와 복호화(키를 이용해 암호문을 원래의 평문으로 복원하는 것)가 이뤄지는 방식이다. 이렇게 하면 침입자가 중간에 메시지를 가로채도 암호화된 상태여서 내용을 알거나 조작할 수 없다.
이 방식으로 메시지를 보내는 사람은 개인 키를 이용해 메시지를 암호화하여 서명 값을 만든다. 이 서명 값과 함께 메시지를 보내면, 수신자는 서명자의 개인 키와 쌍이 되는 공개 키를 이용해 서명 값이 올바른지 검증하게 된다.

사이버 공격이 입히는 손실

랜섬웨어 공격은 증가하고 있다. 미국 정보 보안 회사인 레코디드 퓨처의 분석가 앨런 리스카는 이렇게 말했다. "랜섬웨어는 점점 골치 아픈 문제가 되고 있습니다. 경험이 많고 적고를 떠나 모든 사이버 범죄자에게 큰 돈벌이 수단으로 보이겠죠. 이들은 랜섬웨어를 전파하는 방법을 열심히 개발하고 있을 겁니다."

정보 보안업체 엠시소프트 보고에 따르면 2019년에 미국 948개 정부 기관, 학교, 의료 관련 사업체가 랜섬웨어 공격을 받았다고 한다. 이 가운데에는 759개의 병원과 의료 서비스 제공업체, 103개의 주 및 지방 정부, 86개의 학교가 포함됐으며 피해액은 75억 달러에 이르는 것으로 추정됐다. 이 수치에는 몸값, 백업 데이터 복구 비용, 장비 교체 비용, 시스템이 마비된 동안 생긴 영업 손실이 포함됐다.

눈에 보이는 경제적 손실 외에 다른 피해도 많았다. 병원이 공격당하자 입원 환자를 받을 수 없었고, 응급 환자들은 다른 곳에 가야 했으며, 진료와 수술은 연기되거나 취소됐다. 의사는 환자 기록을 열어 볼 수 없고, 병원은 청구서를 보내거나 돈을 지불받을 방법이 없었다.

시와 정부 기관이 공격받았을 땐 911 긴급 출동 서비스 운영에 지장이 생겼다. 긴급 출동 대원들은 컴퓨터에 접속할 수 없어서 인쇄된 지도와 종이 기록에 의존해야 했다. 경찰은 개인의 범죄 경력이나 체포 대상에 대한 자세한 정보에 접근할 수 없었다. 건물 출입 및 보안 시스템도 작동을 멈췄고, 교도소 문은 원격으로 열 수 없게 됐다. 시민들이 공과금을 내는 것도, 돈 내고 물건

범죄자를 직접 상대하지 마라!

많은 회사와 기관은 랜섬웨어 공격을 받고서 빨리 시스템을 복구하기 위해 기꺼이 몸값을 지불하지만, 미국 연방수사국과 경찰은 공격자의 요구에 따르지 말라고 한다. 공격자가 바라는 대로 해 주면 더 많은 범죄를 부추기는 셈이 되기 때문이다.

사람이 납치되었을 때와 마찬가지로, 피해자가 몸값을 지불한다고 해서 공격자가 볼모로 잡은 데이터를 풀어 주리라는 보장은 없다. 또한 돈을 낸 뒤에 파일을 해독한다 해도 랜섬웨어 공격에 손상되어 쓸모없게 되었을 수도 있다.

또한 연방수사국은 피해자 컴퓨터 시스템에 랜섬웨어 말고도 다른 위협 요소가 있을 수 있다고 경고한다. 해커들은 랜섬웨어와 함께 다른 악성 코드를 깔아 놓기도 하며, 피해자가 몸값을 낸다 해도 악성 코드는 그대로 남아 피해를 줄 수 있다. 따라서 연방수사국은 해커에게 돈을 주는 대신 컴퓨터 하드 디스크에 있는 모든 데이터를 지우고 오프라인 백업 장치에서 데이터를 불러오는 방식으로 시스템을 복원하라고 권한다.

피해자는 또다시 사이버 공격을 당할지 모른다는 악몽에 시달린다. 같은 공격자가 다시 공격할 수도 있고, 피해자를 만만한 상대로 여긴 다른 범죄자가 공격해 올 수도 있다. 그래서 정보 보안 전문가는 랜섬웨어 공격을 당한 회사와 기관에 보안 시스템을 강화해 미래의 공격에 대비해야 한다고 말한다.

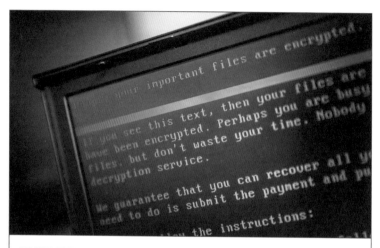

랜섬웨어 공격 집단이 보낸 메시지. 이들은 2017년 공격 당시 영국의 국가보건서비스를 비롯한 세계 곳곳의 수많은 기관을 표적으로 삼았다.

을 사는 것도 할 수 없게 됐다. 부동산 거래는 보류되었고, 운전 면허증을 새로 발급되거나 갱신하는 것도 불가능했다. 몇몇 이 메일과 전화 시스템도 작동을 멈췄고, 여러 웹사이트는 오프라 인 상태가 됐다. 학교와 여러 교육 기관도 큰 타격을 입었다. 학 생 성적 기록이 사라졌고, 학생 의료 기록을 열어 볼 수 없게 되 었다. 몇몇 학교들은 어쩔 수 없이 문을 닫아야 했다.

더 심한 일도 일어날 수 있었다. 병원과 정부 컴퓨터 시스템 의 손상은 환자, 범죄 피해자, 공무원의 죽음으로 이어질 수도 있 었다. 엠시소프트의 최고 기술 책임자인 파비안 워사는 이렇게 말했다. "2019년 랜섬웨어 공격과 직접 연관된 사망자가 없었다는 건 순전히 운이 좋았기 때문입니다. 앞으로도 행운이 계속되지는 않을 겁니다."

누가 사이버 공격을 벌일까?

어떤 개인이나 집단이 랜섬웨어 공격을 하는 걸까? 공격자는 추적 불가능한 비트코인 같은 암호 화폐로 지불을 요구하면서, 디지털 흔적을 남기지 않으려고 노력한다. 하지만 정부 소속 보안 전문가는 공격자들을 대체로 두 그룹으로 좁혀서 추적한다.

첫 번째 용의자 그룹은 동유럽에서 활동하는 범죄 조직이다. 이 조직이 원하는 것은 돈이다. 돈벌이를 위해 전문 해커 팀을 고용해 랜섬웨어를 개발하고, 공격하려는 네트워크의 취약성을 이용하고, 몸값을 요구한 다음 받은 돈을 감춘다. 2019년 미국 루이지애나주 곳곳에서 일어난 컴퓨터 서버를 대상으로 한 랜섬웨어 공격은 동유럽 범죄 조직이 벌인 일로 여겨진다.

두 번째 용의자 그룹은 국가 정부다. 주로 국제 사회에서 강력한 제재를 받는 나라들이 사이버 강도 짓을 저지른다. 공격하는 목표는 다른 국가들이 정책을 바꾸도록 이끌기 위해서다. 예를 들어 미국은 이란이 핵무기를 만들려 한다는 이유로 무역과 거래를 거부해 왔다. 많은 나라가 이웃 국가를 침략한다는 이유로 러시아를 제재했다. 이처럼 국제적인 제재를 받는 이란, 북한,

러시아 같은 나라는 자금이 부족하다. 그래서 범죄 조직과 마찬가지로 돈을 모으기 위해 랜섬웨어 공격을 펼친다. 지금까지 일어난 대규모의 랜섬웨어 공격 가운데 몇몇은 국가 소속 집단이 벌인 것으로 드러났다. 악명 높은 사례는 아래와 같다.

- **낫페트야**^{NotPetya}: 2017년 우크라이나와 유럽 곳곳의 기업이 낫페트야 랜섬웨어의 공격을 받았는데, 러시아 군대 소속 첩보 기관인 GRU의 소행으로 추적됐다.
- **워너크라이**^{WannaCry}: 2017년 150개국에 있는 20만 개 이상의 기업이 워너크라이 랜섬웨어의 공격을 받았다. 조사 결과, 이 랜섬웨어를 만들어 퍼뜨린 건 북한 정부와 연결된 사이버 범죄 집단 라자루스로 밝혀졌다.
- **샘샘**^{SamSam}: 2018년 미국, 캐나다 200개 이상의 도시가 샘샘 랜섬웨어의 공격을 당했다. 이 공격으로 3000만 달러 이상의 피해가 생겼다. 미 법무부는 공격을 주도한 혐의로 두 명의 이란 남성을 기소했다. 법무부 관계자들은 두 남성이 이란 정부의 허가를 받아 움직였다고 본다.

개인 해커가 주도한 랜섬웨어 공격은 거의 없는 것으로 보인다. 보통 이런 공격은 한 사람이 하기에는 너무 복잡해서 범죄 조직이나 정부가 함께 일으킨다.

진화하는 사이버 공격

사이버 공격에 정해진 틀은 없다. 모든 공격은 다르다. 같은 범죄 집단이라고 해도 매번 다른 기술을 사용한다. 경제적 이익을 얻기 위해 만든 랜섬웨어 외에도 데이터를 훔치거나 파괴하고, 거짓 정보를 퍼뜨리고, 피해자 컴퓨터나 네트워크뿐만 아니라 여기에 연결된 모든 기술을 비활성화하기 위해 다른 악성 코드를 사용하기도 한다. 악성 코드는 매번 다를 수 있지만, 사이버 공격에는 좀처럼 변하지 않는 특징이 있다. 공격자는 실수를 통해 학습하고, 기술을 개선하며, 새롭고 더 효과적인 악성 소프트웨어를 개발한다는 점이다.

사이버 공격은 주로 정찰에서 시작된다. 공격자는 누구를 어디에서 어떻게 공격할지 연구한다. 강력한 보안 시스템이 있거나 중요한 데이터를 거의 갖고 있지 않은 대상은 걸러 낸다. 하지만 비교적 덜 까다로운 공격자도 있다. 이런 유형의 공격자는 부당하게 훔친 이메일 주소 목록을 활용해 대량의 피싱 메시지를 보낸 다음, 몇몇 수신자가 미끼를 물 때까지 기다린다.

상대가 누구든 간에 사이버 공격자는 표적으로 삼은 컴퓨터나 네트워크에 침투하는 방법을 찾아낼 것이다. 스피어 피싱을 사용해 로그인 정보를 얻거나, 시스템에 열려 있는 백도어를 찾거나, 소프트웨어의 결함을 이용해 네트워크에 접속한다.

일단 사이버 공격자가 표적 시스템을 뚫으면 본격적인 공격이 시작된다. 공격자는 데이터를 암호화하거나 시스템의 통제권을 빼앗아 오는 등의 추가 작업을 벌이도록 설계된 악성 소프트웨어를 설치한다. 공격자는 시스템을 들여다보며 다운로드할 만한 중요한 데이터를 찾아낸다. 아니면 단순히 데이터를 파괴하거나 시스템을 비활성화할 수도 있다.

다양해지는 사이버 무기

사이버 공격은 다양한 형태로 이루어진다. 예를 들어 디도스 공격은 표적으로 삼은 시스템이 일시적으로 비활성 상태가 되도록

좀비 떼가 몰려온다!

디도스 공격(DDoS)은 여러 시스템으로 동시에 많은 데이터를 전송해, 인터넷 서비스를 마비시키는 대표적 사이버 공격이다. 이런 광범위한 사이버 공격은 강탈당한 컴퓨터 여러 대에 의해 실행된다. 강탈당한 컴퓨터란 소유자 허가 없이 악성 소프트웨어에 감염돼 제3자가 다룰 수 있게 된 컴퓨터다. 이렇게 통제권을 빼앗긴 컴퓨터는 공격자가 시키는 대로 조종되는 '좀비'가 되는데, 이처럼 납치된 컴퓨터 무리는 '봇넷'이라고 불린다. 컴퓨터 외에도 스마트폰, 스마트 스피커, 스마트 전구처럼 인터넷에 연결된 스마트 기기도 봇넷이 될 수 있다. 이런 좀비 기기를 소유한 사람 대부분은 자기 컴퓨터나 스마트폰이 감염되고, 납치되고, 사이버 공격에 이용되었다는 사실을 전혀 모른다.

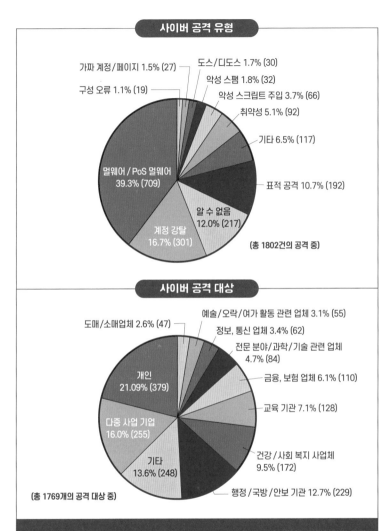

사이버 공격 유형

- 가짜 계정/페이지 1.5% (27)
- 구성 오류 1.1% (19)
- 도스/디도스 1.7% (30)
- 악성 스팸 1.8% (32)
- 악성 스크립트 주입 3.7% (66)
- 취약성 5.1% (92)
- 기타 6.5% (117)
- 표적 공격 10.7% (192)
- 알 수 없음 12.0% (217)
- 계정 강탈 16.7% (301)
- 멀웨어 / PoS 멀웨어 39.3% (709)

(총 1802건의 공격 중)

사이버 공격 대상

- 도매/소매업체 2.6% (47)
- 예술/오락/여가 활동 관련 업체 3.1% (55)
- 정보, 통신 업체 3.4% (62)
- 전문 분야/과학/기술 관련 업체 4.7% (84)
- 금융, 보험 업체 6.1% (110)
- 교육 기관 7.1% (128)
- 건강/사회 복지 사업체 9.5% (172)
- 행정/국방/안보 기관 12.7% (229)
- 기타 13.6% (248)
- 다중 사업 기업 16.0% (255)
- 개인 21.09% (379)

(총 1769개의 공격 대상 중)

사이버 범죄 집단은 다양한 방법으로 공격한다. 인터넷이 연결된 개인, 기업, 기관이라면 모두 사이버 범죄의 표적이 될 수 있다. 위 표는 2019년 전 세계에서 일어난 사이버 공격의 유형과 대상을 보여 준다. 공격 유형을 살펴보면, 악성 코드를 이용한 공격이 가장 많고, 그 다음으로 계정 강탈이 빈번하게 일어났음을 알 수 있다. 공격 대상을 보면, 개인을 겨냥한 공격이 가장 많았음을 확인할 수 있다.

만든다. 공격자는 보통 봇넷을 사용해 웹사이트나 네트워크로 수만 개의 스팸 또는 요청 메시지를 보낸다. 엄청난 양의 메시지는 대상에게 무리를 줘서 오프라인 상태로 만든다.

중간자 공격MITM, man-in-the-middle attack*에서 공격자는 두 대상 사이에 자리를 잡고 대화를 엿듣거나 전송되는 데이터를 가로챌 수 있다. 여기에서 두 대상이란 웹사이트 또는 네트워크와 이에 접속하는 고객, 직원 같은 사이트 이용자를 말한다. 이러한 유형의 공격에서 침입자는 사용자의 로그인 정보, 신용 카드 번호 등의 기밀 정보를 훔치며, 사용자로 가장해 악성 프로그램을 심고, 데이터를 훔치고, 피싱 메시지를 보낸다.

또 다른 유형의 공격은 대형 데이터베이스 관리에 일반적으로 사용되는 프로그래밍 언어인 구조적 쿼리 언어SQL, Structured Query Language**의 취약성을 이용한 것이다. 이런 공격에서 공격자는 데이터베이스 서버에 악성 코드를 심은 뒤, 데이터베이스에 저장된 고객 정보나 신용 카드 정보 등의 기밀 정보에 접근한다.

범인이 어떤 형태로 공격해 오든, 모든 것은 철저하게 비밀리에 이루어진다. 자기 존재를 알리거나 성공적인 공격에 대해 칭찬받으려는 공격자는 거의 없다. 사이버 보안 관리자와 법 집

---

*컴퓨터를 이용해 통신하는 두 사람 사이의 네트워크에 몰래 끼어들어 주고받는 메시지를 조작하거나 가짜 메시지를 만들어 상대에게 전달하는 등의 악의적 행위를 하는 것.

**다양한 정보를 저장하는 데이터베이스 시스템에서 데이터를 조회하거나 추가·갱신·삭제 등을 하는 데 사용하는 언어.

행 기관으로부터 괜한 관심을 끌면 앞으로의 공격이 어려워지기 때문이다. 따라서 공격은 대체로 흔적을 지우는 것으로 마무리된다. 이 작업은 사용 기록을 편집하거나 제거하고, 공격과 관련된 모든 파일을 지우는 것을 말한다.

사상 최대 규모의 디도스 공격

2020년 2월, 아마존웹서비스(AWS)는 사상 최대의 디도스 공격을 당했다. 이 회사는 넷플릭스, 링크드인, 페이스북을 비롯한 여러 대기업이 사용하는 웹 호스팅 업체다. 웹 호스팅은 대용량 인터넷 전용 회선을 소유한 통신업체나 웹 개발 회사가 웹 서버를 다른 업체나 개인에게 임대해 주는 일이다. 아마존웹서비스를 공격한 건 서비스를 사용하는 이름을 알 수 없는 고객이었다. 이 공격에는 일반적인 디도스 공격보다 다섯 배 많은 2.3테라비트*의 대역폭**이 사용됐다. 즉, 1초당 2.3조 비트만큼의 데이터 전송이 이뤄진 것이다.

아마존웹서비스의 위협 방지 서비스인 AWS 실드는 2월 17일 처음으로 공격을 알아챘다. 곧바로 공격을 차단해 공격받은 기업의 컴퓨터 시스템은 다운되지 않았다. 하지만 아마존웹서비스는 추가 공격을 막을 수 없었고, 결국 사흘 뒤에 주저앉고 말았다. 정보 보안 전문가들은 누가 어떤 이유로 이 회사를 공격했는지 모른다. 이 사건 이전에 가장 큰 규모의 디도스 공격은 2년 전인 2018년 2월에 일어났다. 대상은 소프트웨어 개발자를 위한 온라인 플랫폼인 깃허브였는데, 당시 사용된 대역폭은 1.35테라비트로 기록됐다.

---

*1조 비트에 해당하는 정보량의 기본 단위.

**신호를 전송할 수 있는 주파수 범위 또는 폭.

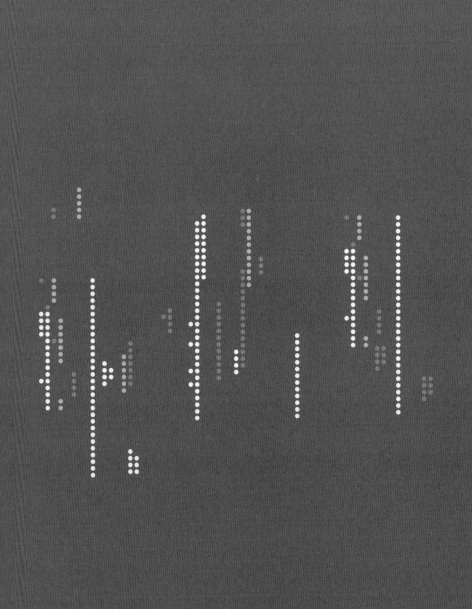

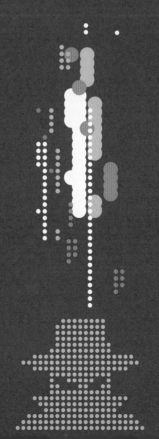

7장

사회 기반 시설을 위협하는
사이버 테러

이런 일을 상상해 보자. 미국의 평소와 다를 것 없는 평일, 봄 기운이 부드럽게 느껴지는 날이다. 어른들은 일터에 있고 아이들은 학교에 있다. 케이블 방송에서는 여러 분야의 전문가가 나와 전날 대통령이 한 발언을 두고 논쟁을 벌인다.

오전 10시를 막 넘긴 시각, 여러 방송사는 큰 테러 집단이 국가 전력망 일부를 마비시키려 한다는 속보를 내보낸다. 테러 집단은 소셜 미디어를 통해, 이번 공격은 미군이 자기 나라에서 저지른 일에 대한 보복이라고 밝힌다. 그러면서 그날 오후 4시에 전력망의 작동이 멈출 것이고, 6시간 동안 그대로 유지될 거라고 예고한다.

국가 안보 전문가들은 전력망을 겨냥한 사이버 공격을 두려워한다. 전력망이 공격당하면 모든 통신이 차단되고, 기계들이 작동을 멈추고, 기업들도 타격을 입기 때문이다.

정확히 오후 4시가 되자 몇몇 주 전역에서 전기가 꺼진다. 집과 사무실은 캄캄해지고, 병원은 비상 발전기를 가동한다. 신호등과 가로등도 작동하지 않는다. 텔레비전과 라디오 방송도 끊기고, 케이블 방송과 인터넷 서비스 또한 중단된다. 그렇게 사람들의 삶은 그대로 멈춰진다. 예고대로 밤 10시에 전기가 다시 들어온다. 하지만 공격은 끝난 것이 아니다.

이틀 뒤, 같은 테러 집단이 또다시 나타나 예고한다. 다음 날 정오부터 12시간 동안 미국 동부와 서부를 잇는 주요 통신선을 폐쇄하겠다고 말한다. 그리고 예고대로 통신 시설에 말썽이 생긴다. 이튿날, 테러 집단은 뉴욕시와 주변의 항공 교통 관제 시설의 작동을 멈출 거라고 말한다. 또 그대로 이루어져, 그 일대의 모든 항공기가 뜨고 내리지 못하게 된다.

그 뒤 며칠, 몇 주 동안 테러 집단의 협박은 계속되고, 예고하는 족족 실행에 성공한다. 미국 국민들은 정부에게 제대로 된 조치를 취하라고 요구하지만, 공무원들이 할 수 있는 건 아무것도 없다. 국가 전체가 테러리스트의 인질이 된 것이다. 수많은 기업이 줄줄이 파산하고 미국 사회는 큰 혼란에 빠진다.

이런 테러가 실제로 일어나지는 않았지만, 충분히 일어날 가능성이 있다. 2002년에 구상된 이 시나리오는 2001년 9월 11일 뉴욕 세계 무역 센터와 워싱턴 D.C. 근처의 미국 국방부에 테러 공격이 일어난 뒤 50명의 저명한 컴퓨터 공학자가 만든 것이다. 공학자들은 당시 미국 대통령이었던 조지 부시George W. Bush에게 보낸 공동 서한에서 이렇게 밝혔다.

"이 나라는 9.11 테러보다 더 광범위하게 국민 정서와 경제를 파괴할 수 있는 사이버 공격의 심각한 위험에 놓여 있습니다. 우리는 학자이자 지도자로서 여러분에게 도움을 구하고, 우리의 도움을 제공하고자 합니다. 전력, 금융, 통신, 의료, 교통, 수자원, 국방, 인터넷을 포함한 미국의 주요 사회 기반 시설은 사이버 공격에 매우 취약한 상태입니다."

20년이 지난 오늘날에도 미국은 여전히 무시무시한 사이버 테러의 위험에 놓여 있다. 전문가들은 대규모 사이버 테러가 일어나는 건 시간문제라고 본다.

사이버 테러란?

미국 연방수사국은 사이버 테러를 이렇게 정의한다. "계획된, 정치적 동기에 의한 공격으로 정보, 컴퓨터 시스템, 컴퓨터 프로그램과 데이터를 겨냥하는 것. 국가 하위 집단이나 비밀공작 요원이 전투 능력이 없는 대상에게 폭력을 가하는 것."

사이버 테러는 돈을 노린 랜섬웨어나 데이터 도둑질 수준을 넘어선다. 전력망, 금융 시스템, 병원, 응급 서비스 같은 주요 민간 및 정부 기반 시설을 공격해 대규모 혼란이나 인명 피해를 일으키는 것을 목표로 한다. 미국 법무부 국가 안보 담당 차관보로 일한 적이 있는 루크 뎀보스키는 말했다. "사이버 테러는 신용 카드 정보를 도난당하는 것하고는 차원이 달라요. 생사가 걸린 문제입니다. 우리가 어떻게 병원 진료를 받고 환자 기록에 접근하는지, 어떻게 전기가 흐르고 주식 거래가 이뤄지는지를 생각해 보면 얼마나 위험한지 알 수 있죠."

사이버 테러 집단은 여느 사이버 범죄자와 비슷한 방법을 사용하기도 한다. 피싱을 비롯한 갖가지 사회 공학 기술을 동원해 표적으로 삼은 시스템에 진입한 다음, 컴퓨터 바이러스나 악성 프로그램을 심는다. 몇몇 사이버 테러 집단은 몸값을 받을 때까지 랜섬웨어로 데이터와 컴퓨터 시스템을 무력화하는 사이버 강도와 비슷한 일을 벌인다.

테러 집단이 사이버 테러에 관심을 갖는 이유는 여러 가지다. 첫째 이유는 폭격이나 납치 같은 전통적 테러 방법과 비교해 돈이 적게 든다는 점이다. 필요한 도구라고는 인터넷이 연결된 컴퓨터뿐이다.

둘째 이유는 신분을 감추기 쉽다는 것이다. 전통적 테러 공격의 경우, 법 집행 기관은 목격자 진술이나 감시 카메라 영상을 참고해 테러리스트의 신원을 알아낼 수 있다. 반면 사이버 테러의 경우, 컴퓨터를 공격하는 악성 코드로는 어느 테러리스트 집단의 소행인지 추적하기가 어렵다.

셋째 이유는 한꺼번에 수많은 목표물을 노릴 수 있고 지리적 한계가 없다는 점이다. 사이버 테러 집단은 컴퓨터 네트워크를 활용할 수 있다면 어디에서나 작전을 벌일 수 있고, 지구상 어느 곳이든 표적으로 삼을 수 있다. 사이버 테러는 광범위한 기술적 전문성을 요구하기 때문에, 테러 집단은 필요한 기술을 가진 전문가를 고용해 일을 맡긴다.

대체로 사이버 테러 집단은 사람 수백 명을 죽이려는 게 아니라, 수백만 명을 혼란에 빠뜨리고 겁주려고 공격한다. 많은 전문가는 특히 어느 지역 전체의 전력망이 공격받아 마비되는 일을 가장 두려워한다. 오랫동안 전력을 잃는 일은 단지 전기가 없어서 불편한 정도의 문제가 아니다. 먼저 병원이 어떤 타격을 입을지, 냉장 보관된 약품들이 어떻게 될지를 생각해 보자. 냉장고 안 약품을 비롯한 온갖 식품류는 상할 것이고, 주유기와 현금 자동인출기가 작동하지 않을 것이며, 깨끗한 물을 공급하는 시스템도 중단될 것이다. 그렇게 된다면 평소에는 예측하기 어려운 혼란이 뒤따를 것이다.

인터넷을 적극 활용하는 테러리스트

모든 조직이 그렇듯 테러리스트들도 소통하기 위해 인터넷을 사용한다. 알카에다(Al-Qaeda)와 이슬람국가를 비롯한 테러 집단은 웹사이트를 통해 자기 이념을 홍보하고, 지지자를 모집하고, 폭탄 제조 방법 등의 정보를 공유한다. 테러 집단은 소셜 미디어에 요원 모집 영상과 같은 선전물을 올린다. 예를 들어 소말리아에 있는 알카에다 소속 조직 알샤바브(Al-Shabab)는 2016년 모집 영상에 미국 대통령 트럼프가 이슬람 이민자들의 미국 입국을 금지하는 내용의 동영상을 넣었다. 이 영상은 미국에 대한 증오심을 불러일으키고, 반미 지지자를 모집하기 위해 만들어졌다.

테러 집단은 공격을 계획할 때 인터넷에서 무료로 사용할 수 있는 도구를 사용하기도 한다. 안전하게 암호화된 이메일, 메신저 앱, 대화방, 메시지 게시판을 예로 들 수 있다. 이를테면 이슬람 원리주의 무장 세력인 탈레반(Taliban)은 2012년 아프가니스탄에 있는 영국 공군 기지, 캠프 바스티온에 대한 습격을 계획할 때 무료 구글 지도를 이용했다.

사이버 테러 집단

사이버 테러 집단은 이슬람국가 같은 잘 알려진 테러 조직에서 일하거나, 정부를 대신해 일한다. 미국 상원 정보 위원회를 위해 2006년 이후부터 매년 작성되는 보고서 '미국 정보 기관의 세계 위협 평가Worldwide Threat Assessment of the US Intelligence Community'에 따르면 중국, 러시아, 이란, 북한은 점점 더 다양한 방식으로 인간의 심리와 기계 설비를 모두 위협하는 사이버 작전을 펼친다고 한다.

전문 인력을 고용해 사이버 공격을 직접 벌이는 정부도 있다. 이는 공격하는 이들이 정부 요원들임을 뜻한다. 몇몇 사이버 테러 집단은 공식적으로는 자국 정부에 소속되어 있지 않지만, 나라의 이익을 위해 일한다. 예를 들어 파키스탄의 사이버 부대는 국가 소속 군대는 아니지만 자국을 위협하는 인도, 중국, 이스라엘 웹사이트에 침투해 수십 건의 사이버 테러를 벌였다.

2013년 시리아 정부의 공식 후원을 받지는 않지만 서로 협조하는 시리아 전자군Syrian Electronic Army이 〈뉴욕 타임스〉, 〈허핑턴 포스트〉, 트위터를 비롯한 미국의 여러 언론 웹사이트를 공격했다. 그 결과 표적이 된 언론 웹사이트는 모두 몇 시간 동안 오프라인 상태가 되었다. 이 공격은 미국 언론이 시리아 대통령인 바샤르 알 아사드Bashar al-Assad가 시리아 민간인 수천 명을 학살한 만행을 비판한 데 대한 보복이었다.

이슬람국가와 사이버 테러

이슬람국가는 가장 발달된 기술을 지닌 테러 집단 가운데 하나다. 이 집단은 서아시아 전역에 있는 반대 세력을 위협하려고 오래전부터 자살 폭탄 테러와 게릴라 공격을 벌여 왔다.

끊임없이 전략을 발전시켜 온 이슬람국가는 최근 몇 년 동안 광범위하게 사이버 관련 기술을 개발했고, 거대 조직 내에 다양한 하위 그룹을 만들어 운영하고 있다. 이들을 연구하는 전문가들은 이슬람국가 사이버 집단의 조직도를 만들면서 각 그룹이 맡은 책임에 주목했다. 예를 들어 칼라시니코프 E-보안 팀은 주로 이슬람국가의 다른 사이버 테러 팀에 기술 지원을 담당하고, 이슬람국가 해커 분과는 외국 여러 웹사이트에 침입해 기밀 정보를 훔치는 일을 한다.

해킹당한 컴퓨터 화면에 나타난 이슬람국가 로고.

이슬람국가, 알카에다, 탈레반 같은 오래된 테러 집단은 이제 사이버 공간으로 영역을 확장하고 있다. 이런 집단은 한때 총기와 폭발물 같은 무기를 사용했으나, 21세기에 들어서는 사이버 테러 같은 새로운 방식을 쓴다.

2003년 리처드 클라크 전 미국 대통령 정보 보안 자문 위원은 말했다. "이런 집단이 사이버 전쟁 관련 기술을 모으고 있다는 건 곧 해킹 도구를 찾아 웹을 뒤지고 있다는 말인데, 이건 매우 골치 아픈 일입니다. 테러 집단이 사용한 컴퓨터 가운데 일부를 우리가 압수했기 때문에 알고 있죠. 언젠가는 알카에다가 사이버

필리핀 출신 알카에다 요원들. 테러리스트 집단은 이제 총과 폭탄만 사용하지는 않는다. 적에게 사이버 공격도 퍼붓는다.

공간에서 폭탄 아닌 바이트byte*로 사회 기반 시설을 공격할 날이 올 것입니다."

미국 국토안보부는 2005년 보고서에서 이렇게 밝혔다 "사이버 기술을 자유자재로 사용하는 세대가 나타남에 따라 미래에는 더 많은 사이버 위협이 나타날 것으로 예상한다." 2005년에 언급된 '사이버 기술을 자유자재로 사용하는 세대'는 이제 잔뼈가 굵었고, 모든 유형의 테러 단체들은 정보 통신 기술을 익힌 젊은이들을 끌어들이려고 시도한다. 이 단체들은 자신들의 정보 통신 능력을 세상에 알리기 시작했다.

예를 들어 2015년 이슬람국가의 하위 집단인 사이버 칼리프 군대CCA, Cyber Caliphate Army는 미국 중부 군사령부의 트위터와 유튜브 계정을 해킹했다. 이 단체는 다양한 위협 문구와 더불어 이슬람국가를 선전하는 메시지를 올렸다. 그 가운데 이런 메시지도 있었다. "가장 은혜롭고 자비로운 알라의 이름으로, 사이버 칼리프 군대는 이슬람을 대표해 사이버 성전을 이어 간다." 이런 경고문도 있었다. "미군들이여, 우리가 가고 있다. 뒤를 조심해라." 하지만 여러 위협 메시지만 올라왔을 뿐, 물리적인 공격은 없었다. 그리고 중부 군사령부는 24시간 만에 계정을 되찾았다.

---

*컴퓨터에서 정보를 처리하는 최소 단위. 1바이트는 8개의 비트(bit) 묶음을 의미하며 영문자나 숫자 1개를 표현할 수 있다.

디지털 시대에 점점 심각해지는 위협

사람들은 사이버 테러를 두려워한다. 2018년 리서치 전문 업체 갤럽이 미국에서 벌인 여론 조사에 따르면, 응답자의 81퍼센트가 사이버 테러를 전통적 방식의 테러 공격보다 더 큰 위협으로 보고 있다.

군대 역시 이러한 위협을 걱정하고 있다. 미국 국방 전문지 〈밀리터리 타임스〉의 2018년 조사에 따르면, 조사에 응한 군인의 89퍼센트는 사이버 테러가 심각하거나 매우 심각한 위협이라고 대답했다고 한다. 이들은 러시아, 중국, 북한의 전통적 군사력보다 사이버 테러가 더 큰 위협이라고 말했다.

2020년대까지 미국에서 실제 사이버 테러가 일어난 횟수는 9.11테러 이후 과학자들이 예상했던 것보다 적었다. 웹사이트는 해킹으로 피해가 있었지만 전력망, 송유관, 교통 시스템과 같은 사회 기반 시설은 사이버 테러 공격을 당하지 않았다. 하지만 머지않은 미래에 사이버 테러범들은 랜섬웨어를 포함한 갖가지 사이버 도구를 사용해 자금을 모으고 작전을 세워 공격을 시작할 가능성이 크다.

인터넷은 지리적으로 제한되었던 테러 단체의 활동 반경을 넓혀 준다. 전 세계가 디지털로 연결되기 전, 테러 단체들은 대체로 자국에서 가까운 적들을 공격했다. 먼 나라까지 가서 공격하기엔 돈이 너무 많이 들었기 때문이다. 하지만 디지털 시대에 활동하는 테러리스트들은 인터넷이 연결된 곳이라면 전 세계 어디든 공격할 수 있다. 이슬람국가나 서아프리카에 있는 이슬람국가의 하위 조직인 보코하람이 사이버 전투력을 갖추면, 세계 어디든 위협을 받을 수 있다.

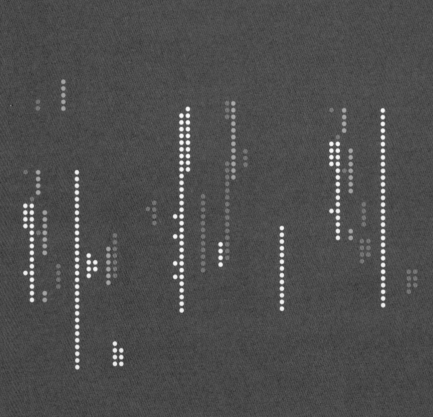

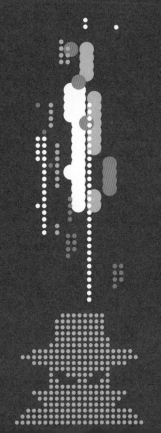

8장

사이버 전쟁은
이미 시작되었다

2016년 12월 16일, 우크라이나의 수도 키이우의 한 아파트에서 올렉시 야신스키는 가족과 거실에 앉아 텔레비전에서 방영하는 영화를 보고 있었다. 자정이 되자 갑자기 텔레비전 화면이 꺼지더니 집 안의 모든 불빛도 꺼졌다. 야신스키는 초를 가지러 부엌으로 갔다.

촛불을 켜면서 야신스키는 부엌 창문 너머로 밖을 내다보았다. 도시는 칠흑같이 어두웠다. 길 건너 고층 아파트와 건물에는 불이 하나도 켜져 있지 않았다. 온 도시의 전기가 나간 것이다. 전기가 없으니 전등, 텔레비전, 인터넷, 난방 기구가 작동할 리 없었다. 바깥 온도는 영하 18도였고, 시간이 흐를수록 점점 내려갔

전기가 끊겨 캄캄해진 도시. 사이버 전쟁이 벌어져 주요 도시의 전력이 마비되면, 사회는 공포와 혼란에 빠진다.

다. 야신스키는 곧 수도관이 얼어붙으리라는 걸 알았다. 그래서 집 안 온도가 더 낮아질 때를 대비해 담요와 외투를 꺼냈다.

다행히 한 시간 뒤에 전기가 다시 들어왔고, 야신스키 가족과 이웃들은 안도했다. 하지만 이 일로 느낀 위협은 매우 컸다. 그 정전 사태는 러시아의 사이버 공격 때문이었다.

우크라이나는 러시아와 맞닿아 있는 동유럽 국가이며, 한때 소비에트 연방에 속했다. 1991년 소비에트 연방이 해체되면서 우크라이나는 독립 국가가 되었다. 러시아는 소비에트 연방에서 가장 크고 힘 있는 공화국이었다. 소비에트 연방 해체 후에도 다른 독립국들에게 전과 같은 지배력을 갖기를 바랐다.

한편, 크림 반도는 우크라이나 영토로 러시아와 맞닿은 지역이다. 흑해로 튀어나온 반도인데, 러시아는 그곳을 전략적 요충지로 보았다. 2010년 친러시아 성향을 가진 당시 우크라이나 대통령 빅토르 야누코비치Viktor Yanukovych가 러시아와 맺은 하르키우 조약으로 러시아는 2042년까지 크림 반도에 해군 함대를 둘 수 있었다. 하지만 많은 우크라이나인은 이 조약을 싫어했으며, 러시아 해군이 자국 내에 머무는 것을 원하지 않았다.

2014년 초, 우크라이나는 서유럽의 민주주의 국가들과 관계를 강화하기 시작했다. 러시아는 우크라이나의 이런 행동이 크림 반도에 대한 합의를 위협한다고 느꼈다. 자국 함대가 크림 반도에서 쫓겨날까 봐 걱정된 러시아는 재빨리 특수 부대를 크림 반도로 보냈고, 이는 사실상 우크라이나를 침공한 것이나 다름없었다.

러시아는 우크라이나 영토 일부를 침범하면서 사이버 공격도 시작했다. 2014년 5월, 우크라이나 대통령 선거를 사흘 앞두고 러시아는 우크라이나 중앙 선거 관리 위원회를 공격해 전산망 일부를 무력화했다. 수많은 와이퍼 악성 코드Wiper malware 공격이 뒤따랐다. 와이퍼 악성 코드는 운영 체제가 올바르게 작동하지 않도록 기기의 데이터를 의도적으로 파괴하고 복구할 수 없도록 만드는 것이다. 러시아가 벌인 사이버 공격으로 수백 대 컴퓨터의 운영 체제와 데이터, 백업 데이터가 파괴됐다. 키이우의 공항과 철도 시스템이 타격을 입자, 비행기와 기차 운행이 한꺼번에 마비되었다.

사이버 공격은 2014년과 2015년 내내 계속됐다. 2015년 크리스마스 하루 전, 러시아는 우크라이나의 공익 기업 세 곳에 대대적인 공격을 퍼부었고, 이때 사이버 공격에 의한 최초의 정전 사태가 일어났다. 여섯 시간 동안 22만 5000명 이상의 시민이 정전을 겪어야 했다.

2016년 러시아는 더 많은 사이버 공격을 이어 갔다. 우크라이나의 재무부, 국방부, 전력 시스템, 교통 네트워크가 공격당했다. 올렉시 야신스키와 가족이 정전을 겪은 것도 이 공격 때문이었다. 우크라이나 안보부 장관이었던 발렌틴 날리바이첸코는 말했다. "러시아의 주된 목적은 우크라이나를 혼란에 빠뜨리는 것입니다."

사이버 공격은 2017년에도 계속되었다. 러시아 스파이 집단은 우크라이나 회계 사무소를 해킹해 낫페트야^NotPetya 악성 코드를 심었다. 이 자동화된 컴퓨터 웜^Computer Worm*은 곧바로 우크라이나 전역에 있는 컴퓨터의 열 대 중 한 대꼴로 퍼져 나갔고, 감염된 컴퓨터의 데이터를 영구히 삭제했다. 낫페트야는 우크라이나 전역의 금전 등록기, 신용 카드 결제 시스템, 현금 인출기, 은

---

*악성 소프트웨어 프로그램의 하나로, 스스로를 복제해 전파시킨다.

행, 병원을 비롯한 주요 사회 기반 시설을 먹통으로 만들었다. 여기에 그치지 않고 이 악성 코드는 우크라이나 국경을 넘어 유럽 전역과 미국의 컴퓨터를 공격해 엄청난 피해를 안겼다.

어떤 이들은 제3차 세계 대전이 일어난다면 폭탄, 군대, 잠수함으로 싸우는 무기 전쟁이 아니라, 키보드를 두드리는 해커들이 맞붙는 사이버 전쟁이 될 거라고 예측한다. 판타지 소설처럼 들릴 수도 있지만 충분히 가능한 얘기다. 사실 세계 어느 나라도 그런 공격을 방어할 준비가 충분히 되어 있지 않다.

현실로 다가온 사이버 전쟁

정보 보안 전문가들은 사이버 전쟁을 이렇게 정의한다. "디지털 기술로 다른 나라를 공격하는 것으로, 전통적인 전쟁에서 생겨나는 피해만큼 파괴적일 수 있다."

사이버 전쟁에서 공격자는 발전소나 의료 시스템뿐 아니라 미사일 방어 시스템을 가동하는 컴퓨터와 컴퓨터 시스템까지 겨눈다. 이 이야기는 절대 공상 과학 소설이 아니다. 소규모의 사이버 전쟁은 이미 시작됐다.

러시아 대 에스토니아

나라 간 사이버 전쟁은 2007년 에스토니아에서 처음 일어났다. 에스토니아는 북유럽에 위치하고 있고, 동쪽으로는 바로 옆에 러시아가 국경을 마주하고 있다. 에스토니아도 우크라이나처럼 1991년 소련에서 독립한 나라다. 그리고 우크라이나와 비슷하게 여전히 러시아의 영향을 크고 작게 받고 있다.

2007년 봄, 에스토니아 정부는 소비에트 연방 시대에 세워진 러시아 군인 동상을 수도인 탈린의 중심부에서 다른 곳으로 옮기기로 했다. 그러자 에스토니아에 사는 소수의 러시아계 국민들은 불쾌감을 드러냈다. 이는 곧 에스토니아의 은행, 언론, 정부 웹사이트를 겨냥한 100회가 넘는 디도스 공격으로 이어졌다.

몇 주 동안 계속된 사이버 공격에는 전 세계의 강탈된 컴퓨터 네트워크가 동원됐다. 악성 코드에 감염된 컴퓨터 무리는 이웃 나라인 러시아 단체에 의해 조종되고 있었다. 보안 전문가들은 러시아 정부가 이 공격을 묵인했거나 직접 승인했을 것이라고 내다본다.

러시아 대 조지아

다음 해인 2008년 여름엔 조지아가 비슷한 사이버 공격을 당했다. 러시아는 조지아 웹사이트 3분의 1 이상에 사이버 공격을 퍼부었고, 물리적 침공도 벌였다. 조지아는 동유럽과 서아시아 양 대륙에 영토가 걸쳐 있고, 러시아와 맞닿아 있다. 조지아도 1991년 소련으로부터 독립했다.

2008년 러시아는 먼저 조지아의 웹사이트를 공격해 기업, 정부, 통신을 마비시킨 다음, 탱크와 군인을 투입했다.

러시아는 조지아에 사는 친러시아 민족을 지원하기 위해 공격을 벌였다고 했다. 공격이 진행되는 동안 러시아 전차들은 조지아의 수도 트빌리시로 들어왔고, 해군 함대는 흑해 연안을 봉쇄했다. 이로써 2008년에 일어난 러시아와 조지아 사이의 전쟁은 역사상 처음으로 재래식 전투와 사이버 공격이 뒤섞인 하이브리드 전쟁으로 기록됐다.

북한 대 남한

사이버 전쟁을 벌이는 나라는 러시아만이 아니다. 북한은 사이버전 지도국, 곧 '121국'으로 알려진 해킹 부대를 앞세워 남한에 여러 차례 사이버 공격을 펼쳤다. 이 부대는 함흥컴퓨터기술대학교에서 최신 컴퓨터 기술, 네트워킹 및 데이터 처리 기술을 배운 이들로 구성되어 있다.

북한은 남한의 주요 은행과 언론사, 전력 회사를 대상으로 사이버 공격을 벌였다. 정보 보안 전문가들은 2014년 미국 소니 픽처스를 겨냥한 사이버 공격도 121국이 벌인 일로 추정한다.

미국 대 이란

미국도 사이버 전쟁을 치른 적이 있다. 가장 잘 알려진 전쟁은 이란의 핵무기 증가 계획을 막으려는 미국의 공격이다.

2009년 이란은 핵무기를 개발하려고 공격적으로 움직였고, 미국은 이런 이란의 움직임이 서아시아 평화를 위협한다는 이유로 막으려 했다. 미국은 이란의 핵 시설을 폭탄으로 파괴할 수도 있었지만, 그런 공격으로 오랜 전쟁이 시작되는 걸 원하지 않았다. 그래서 사이버 공격으로 눈을 돌렸다.

미국 국가안보국의 첩보원들은 동맹국인 이스라엘의 컴퓨터 전문가들과 함께 '스턱스넷Stuxnet'으로 알려진 악성 코드를 개발했다. 스턱스넷은 스스로 복제하는 웜 바이러스로, USB 드라이브에 담긴 채 작전에 투입되길 기다렸다. 공격의 자세한 내용은 알려지지 않았지만, 첩보원 한 명이 USB 드라이브를 사용해 이란의 정부와 산업 시설의 컴퓨터 15대를 감염시켰다고 전해진다. 미국 첩보원이 공격한 시설 가운데 한 군데는 이란의 핵 생산 시설이었다.

스턱스넷은 이란이 핵연료를 만들 목적으로 우라늄을 농축하는 데 사용한 2미터 높이의 알루미늄 원심 분리기를 파괴하기

이란의 한 발전소에서 노동자들이 핵연료를 내리는 모습. 이란이 핵 시설을 무기 개발에 사용할까 봐 우려한 미국은 2009년 이란의 핵 장비를 악성 코드로 공격했다.

위해 설계됐다. 원심 분리기 컨트롤러에 악성 명령어를 주입하는 방식인데, 이 명령어는 원심 분리기가 고장 날 때까지 계속해서 속도를 높이도록 만들어졌다. 스턱스넷은 1000개가 넘는 원심 분리기를 파괴하는 데 성공했다.

이란도 미국과 미국의 동맹국을 겨냥한 공격에 나섰다. 2012년 8월, 이란은 미국의 동맹국 사우디아라비아의 석유 회사인 사우디 아람코의 컴퓨터를 공격했다. 사우디 아람코는 세계에서 가장 큰 석유 생산 회사 중 하나다. 이 공격으로 사우디 아람코가 사용하는 컴퓨터 3만 5000대의 데이터가 삭제돼 운영이 중단됐고, 전 세계 석유 유통이 마비됐다. 다음 달, 이란 해커들은 지속적 디도스 공격으로 미국 주요 은행들을 괴롭혔다. 이란은 두 차례 공격 모두 미국의 스틱스넷 공격에 대한 보복이라고 밝혔다.

모든 전쟁을 끝낼 미래의 전쟁

만약 미국이 러시아나 이란과 사이버 전쟁을 펼친다면 어떻게 될까? 이전의 사이버 전쟁에서보다 더 많은 공격을 주고받는 장기전이 될 것이다. 공격자들은 가장 큰 혼란과 파괴를 안겨 줄 목표물을 선택할 것이다. 양쪽 진영이 모두 노릴 만한 목표물은 다음과 같다.

- **은행과 금융 기관**: 주요 은행의 컴퓨터를 공격하면 모든 은행 잔고를 0으로 만들거나, 고객이 자기 돈에 접근하지 못하도록 할 수 있다. 주식 시장 컴퓨터를 공격하면 세계 금융 시장을 혼란에 빠뜨릴 수 있다.
- **공항과 기타 교통망**: 과거에 일어난 철도 시스템에 대한 사이버 공격은 국가의 모든 열차 운행을 중단시켰다. 공항을 공격하면 항공 교통을 방해할 수 있고, 심지어 비행기를 추락시킬 수도 있다.

- **발전소와 공익 기업:** 며칠에서 몇 주 동안 사이버 공격으로 모든 전력 시스템이 마비된다고 상상해 보자. 조명도, 난방도, 신호등도 들어오지 않는다. 식료품 공급도 중단된다. 식품 생산자, 식품 유통업체, 식료품점, 소비자 모두가 음식을 상하지 않게 하려고 전기로 움직이는 냉장고와 냉동고에 보관하기 때문이다. 저수지와 수도관을 통제하는 물과 관련된 시설이 사이버 공격을 당하면 나라 전체에 물 공급이 끊기게 된다. 이보다 더 끔찍한 건 원자력 발전소를 대상으로 한 사이버 공격이다. 그 결과 핵연료를 담은 원자로 노심이 녹아내린다면, 수백만 명이 치명적인 방사능에 노출될 것이다.
- **병원과 응급 대응 시스템:** 주요 병원의 컴퓨터 시스템이 공격당하면 의료 활동이 중단돼 수많은 환자가 사망할 수 있다. 경찰과 응급 대응 시스템이 공격당하면 범죄, 화재와 같은 비상 사태를 처리할 수 없다.
- **인터넷, 전화, 통신 시스템:** 정보, 오락, 의사소통, 사업이 인터넷을 통해 이뤄진다. 인터넷이 사이버 공격을 당한다면? 인스타그램, 트위터, 이메일, 전자 상거래뿐만 아니라 스마트 조명, 스마트 도어 잠금 장치가 마비되고 온라인에서 정보를 찾을 방법이 없어진다. 사이버 공격자가 휴대 전화 기지국 같은 통신망을 무력화한다면 상황은 더 나빠진다. 모든 산업이 중단되고, 경찰이나 구급대원을 부를 수도 없다. 또한 라

디오와 텔레비전 방송국이 공격받는다면, 뉴스도 볼 수 없고 안전 지침에 대한 정보도 얻을 수 없다.

- **정부와 국방 시스템:** 중앙 정부와 지방 정부는 컴퓨터 네트워크와 인터넷에 의존해 기관을 운영하며 국민의 편의를 돕는다. 군대는 컴퓨터를 사용해 작전을 수행하고, 드론과 미사일 등의 무기를 조종한다. 만약 군용 컴퓨터가 사이버 공격을 당한다면 전투 부대는 제대로 방어할 수 없게 되고, 나라 전체가 적이 일으키는 항공기, 미사일, 병력에 의한 물리적 공격에 대처할 수 없다.

이러한 예시 중 일부 또는 전부가 실제로 일어난다면 우리 삶이 어떻게 될지 상상해 보자. 어느 날 아침 잠에서 깼는데 가스, 전기, 물, 인터넷이 모두 끊겨 있고, 냉장고와 냉동실에 있는 음식들은 상하기 시작한다. 가정용 난방 기구는 전기 없이 사용할 수 없어서 옷을 껴입고 담요를 덮어 체온을 유지해야 한다. 기지국이 작동을 멈춰 휴대전화로 인터넷에 연결할 수가 없다. 차에 시동을 걸고 길에 나섰는데 모든 신호등이 빨간색으로 깜박이거나 완전히 꺼져 있다. 학교와 사무실 건물은 어둡고, 식료품점은 문을 닫았으며, 주유소에서 기름을 넣을 수도 없다. 현금 자동 입출금기에서 돈을 찾을 수도 없다.

하루나 이틀 정도는 견딜 수 있을지 모르지만 그런 상황이

사이버 전쟁에 대한 두 대통령의 시각

사이버 전쟁 위협에 맞닥뜨린 전 미국 대통령 버락 오바마는 2013년 1월, 국가의 사이버 작전을 안내하는 원칙과 절차를 규명한 '대통령 정책 지침 20PPD 20'에 서명했다. 이 문서에 따르면 미국은 여러 정부 기관의 오랜 논의와 승인 과정을 거쳐야만 사이버 공격을 시작할 수 있다. 오바마에게 미국이 시작하는 사이버 전쟁이란 여간해서는 있을 수 없는 일이다. 신중한 검토 없이는 양쪽 국가에 분명 재앙에 가까운 영향을 미칠 거라고 보았기 때문이다.

한편 후임자인 도널드 트럼프는 그렇게 조심스럽게 생각하지 않았다. 트럼프는 미국이 사이버 전쟁을 시작하는 데 필요한 능력을 강화하길 원했다. 2018년 9월 18일, 트럼프는 '대통령 국가 안보 각서 13호(NSPM 13)'를 발표해 오바마의 정책 지침을 뒤집었다. 이 각서에 따르면 미국 정부는 가장 강력한 사이버 무기를 공격적으로 사용할 수 있는 권한을 지닌다. 트럼프의 지시는 복잡한 관료적 승인 절차 없이 군이 자유롭게 사이버 공격에 참여할 수 있도록 한다.

많은 이들은 규제를 완화함으로써 미국이 사이버 전쟁에 더 가까워졌다고 느낀다. 트럼프의 국가 안보 각서가 제시한 새로운 전략을 지지하는 사람들은 적의 위협에 미국이 똑같이 위협적으로 대응해야 한다고 본다. 각서가 발표되었을 때 국가 안보 보좌관이었던 존 볼턴은 안보 각서를 옹호하며 이렇게 말했다. "국가 안보 각서는 우리 국익에 도움이 됩니다. 우리가 사이버 공간에서 더 많은 공격을 하는 데 도움이 되는 게 아니라, 적의 공격을 억제하는 측면에서 도움이 되는 거죠. 적은 우리와 싸우는 데 드는 비용을 감당할 수 없음을 깨닫게 될 겁니다."

몇 주, 몇 달 동안 계속된다면 어떨까? 우리 가족과 이웃은 음식과 물을 구하기 위해 어떤 행동을 할까? 절망에 빠진 사람들이 음식과 물자를 찾아 가게와 남의 집을 약탈하고 다니는데 경찰에 신고할 방법이 없다면 누가 우리를 보호해 줄까? 미사일이 머리 위를 지나 근처에 있는 목표물을 향해 날아가는데 군대가 방어해 주지 못한다면? 장기전으로 이어지는 사이버 전쟁은 분쟁의 양쪽에 있는 민간인과 군대 모두에게 고통을 안길 것이다.

단 한 번의 마우스 클릭으로 시작된다

기술이 발전된 나라는 모두 공격적, 방어적 측면에서 사이버 전쟁을 준비하고 있다. 이런 나라는 정부 운영이 컴퓨터 시스템과 네트워크에 의존하고 있음을 알고, 그렇기에 얼마나 공격에 취약한지도 안다. 그래서 사이버 공격에 대비해 장벽을 세우고, 공격을 당했을 때 보복도 마다하지 않도록 준비한다.

　사이버 전쟁의 무서운 점 가운데 하나는 순식간에 전쟁이 시작될 수 있다는 것이다. 전통적 군사 작전을 펼치려면 몇 개월 동안 계획을 세워야 하고, 수천 명의 병력과 수천 개의 장비를 갖춰야 한다. 반면 사이버 전쟁은 단 한 번의 마우스 클릭으로 시작될 수 있다. 키보드를 누르면 수년 전 적의 컴퓨터 네트워크에 심어 놓은 악성 코드가 활성화된다. 이렇게 오랫동안 숨어 있던 악

국가별 사이버 공격 대비 취약도

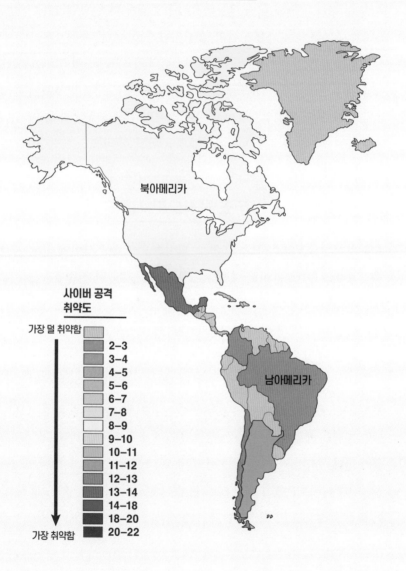

**사이버 공격
취약도**

가장 덜 취약함

- 2–3
- 3–4
- 4–5
- 5–6
- 6–7
- 7–8
- 8–9
- 9–10
- 10–11
- 11–12
- 12–13
- 13–14
- 14–18
- 18–20
- 20–22

가장 취약함

북아메리카

남아메리카

유럽

아시아

아프리카

오스트레일리아,
뉴질랜드

출처: 메릴랜드대학교

이 지도는 사이버 공격에 대한 세계 각국의 취약도를 나타낸다. 가난한 나라는 대체로 인터넷
을 사용하는 사람이 거의 없으므로 공격에 타격을 덜 입는다. 미국, 캐나다, 오스트레일리아,
유럽 국가 대부분은 개인과 기업이 보안 소프트웨어를 사용하기 때문에 중간 수준의 방어력을
띤다. 가장 강력한 보안을 갖춘 나라는 북유럽 국가이고, 가장 취약한 나라는 인도로 나타났다.

성 프로그램이 시작되면 몇 분 안에 네트워크 전체로 퍼져 나가 전력망, 운송 시스템, 정보 데이터베이스를 무너뜨려 국가를 무력하게 만들 수 있다.

몇몇 군 조직은 사이버 공격을 알아채면 바로 적에게 보복하는 자동화 소프트웨어를 갖추고 있다. '눈에는 눈, 이에는 이'라는 식의 접근법은 전쟁을 치르는 두 나라에 광범위한 혼란과 파괴를 안길 것이다.

정부는 적이 공격해 오길 기다리는 대신, 일반 사이버 공격을 방어하는 것과 똑같은 방식으로 사이버 전쟁을 미리 막을 수 있다. 사이버 보안 조치 강화, 하드웨어와 소프트웨어 방화벽* 설치, 시스템에서 끊임없이 악성 프로그램을 찾아내는 작업을 예로 들 수 있다.

하지만 전문가들은 미국을 포함한 모든 나라의 사회 기반 시설이 너무 오래되어 사이버 공격에는 취약하다고 말한다. 미국의 전 국가안보국 국장이자 사이버사령부 수장인 마이클 로저스는 경고했다. "전 세계 사회 기반 시설을 움직이는 기기는 대부분 안전을 고려해 설계되어 있지 않습니다. 그 시설들을 돌아가게 하는 건 명료하지 않고 오래된 여러 개의 프로토콜**이죠."

잠재적인 적이 여럿 있다는 것도 사이버 전쟁을 막기가 어

---

*컴퓨터에 대한 무단 접속을 방지하는 소프트웨어.

**컴퓨터끼리 데이터를 매끄럽게 주고받기 위한 약속들.

려운 이유다. 미국의 재래식 군사 공격에 대한 방어력은 중국과 러시아처럼 대규모 군대를 보유한 국가들에 초점을 맞추고 있다. 하지만 잘 갖춰진 사이버 정보 조직을 보유하고 있다면 어느 나라든 효과적인 사이버 공격을 펼칠 수 있다. 땅덩이가 넓을 필요도, 부유할 필요도, 병사가 많을 필요도 없다. 나라의 크기에 상관없이, 북한이나 이란과도 사이버 전쟁을 치를 수 있다.

국경을 접하지 않았다고 해서 또는 거리가 멀다고 해서 사이버 공격을 할 수 없는 건 아니다. 사우디아라비아나 인도는 캐나다나 멕시코만큼이나 쉽게 미국을 공격할 수 있다. 이 모든 것이 사이버 전쟁을 대비하는 일을 어렵게 만든다.

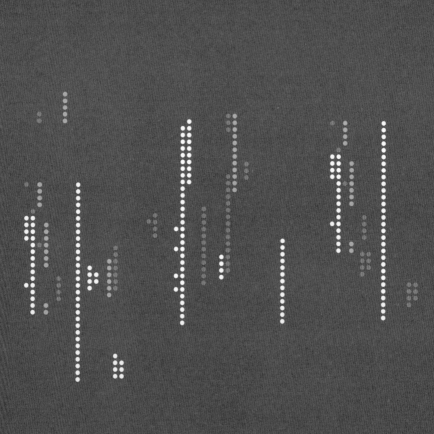

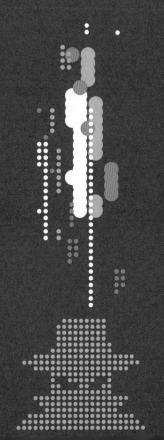

9장

사이버 보안_
철벽 수비만이 살 길이다

미국 라스베이거스에서 열리는 국제전자제품박람회는 세계 최대 전자 제품 전시회다. 해마다 수천 개의 제조업체와 소매업체가 최신 전자 제품과 기술을 보여 주기 위해 박람회에 참여한다. 또한 17만 명 이상이 전시를 보기 위해 라스베이거스에 모인다.

2020년 박람회는 1월 7일부터 10일까지 별 문제없이 진행되었다. 하지만 사이버 범죄 집단의 계획이 성공했다면 박람회는 제대로 열리지 못했을 것이다. 행사 첫날, 해커들은 라스베이거스의 컴퓨터 시스템을 덮쳤다. 공격은 라스베이거스 주민과 수많은 박람회 방문객이 잠든 새벽 4시 30분에 시작됐다. 하지만 도

2015년 미국 스탠퍼드대학에서 정보 보안에 대해 강연하는 버락 오바마 전 미국 대통령.

시의 정보 보안 사무실에는 24시간 내내 직원이 근무하고 있었다. 아침 일찍 출근한 직원들은 네트워크에서 비정상적인 활동을 알아챘다. 네트워크 침입을 파악하자 바로 시스템 방어에 나섰다. 이들은 해커 집단이 해를 입히기 전에 라스베이거스시의 웹사이트와 다른 인터넷 기반 서비스를 오프라인으로 돌렸다.

어떤 집단이 벌인 짓인지 끝내 밝혀내지 못했지만, 이런 공격은 충분히 짐작할 만했다. 매달 라스베이거스를 강타하는 27만 9000건의 사이버 공격 가운데 하나일 뿐이었기 때문이다. 사이버 범죄 집단은 시의 컴퓨터뿐 아니라 수많은 유명 카지노도 공격했다. 이런 공격으로 큰 호텔과 카지노는 지금껏 수백만 달러를 잃

피싱의 냄새

이 책을 읽는 여러분도 한번쯤 피싱 이메일이나 문자 메시지를 받아 봤을 것이다. 이런 메시지는 보통 쉽게 알아볼 수 있다. 문법과 문장력이 엉망이거나 표현이 이상해 외국인이 쓴 것 같기 때문이다. 실제로 피싱 메일이나 문자는 대체로 외국에서 온다. 하지만 수법이 갈수록 정교해지므로 잘 살펴보아야 한다.

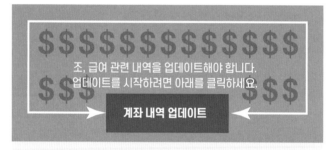

$$$$$$$$$$$$$$

조, 급여 관련 내역을 업데이트해야 합니다.
업데이트를 시작하려면 아래를 클릭하세요.

→ 계좌 내역 업데이트 ←

2020/2/22

조 쉬모 님

귀하의 계정에서 의심스러운 활동을 탐지했습니다. 예방 차원에서 계정을 일시적으로 비활성화했으며, 위 링크를 사용해 로그인 정보를 다시 입력해야 합니다.

48시간 이내에 암호를 재설정하지 않으면 계정이 영구적으로 비활성화됩니다.

계정 담당자

Jaymie Jones

제이미 존스 드림

몇몇 피싱 이메일은 사용자가 거래하는 회사나 기관에서 보낸 것과 똑같아 보이기 때문에 깜빡 속을 수도 있다. 메시지에 나온 링크를 클릭하면 회사 로고가 포함된 공식 웹사이트로 이동한다. 여기에서 아이디와 암호를 재설정하라는 메시지가 나온다. 그 요청에 응하면 속임수에 걸려들게 된다. 범죄자는 사용자의 온라인 계정을 비롯한 개인 정보를 알아내려고 한다.

피싱 공격을 당하지 않으려면 상식을 발휘해야 한다. 이메일이나 문자 메시지가 가짜인 것 같으면 곧바로 삭제한다. 의심 가는 이메일이나 문자 메시지의 링크는 절대 클릭하지 않는다. 정당한 조직은 아이디나 암호를 변경하려면 링크를 클릭하라는 이메일과 문자 메시지를 보내지 않는다. 만약 정보 변경 요청 메세지를 받았다면 검색 엔진에 주소를 입력해 해당 조직 웹사이트로 직접 방문한다.

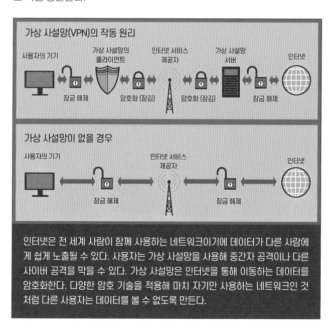

가상 사설망(VPN)의 작동 원리

| 사용자의 기기 | 가상 사설망의 클라이언트 | 인터넷 서비스 제공자 | 가상 사설망 서버 | 인터넷 |

잠금 해제 · 암호화 (잠김) · 암호화 (잠김) · 잠금 해제

가상 사설망이 없을 경우

사용자의 기기 · 인터넷 서비스 제공자 · 인터넷

잠금 해제 · 잠금 해제

인터넷은 전 세계 사람이 함께 사용하는 네트워크이기에 데이터가 다른 사람에게 쉽게 노출될 수 있다. 사용자는 가상 사설망을 사용해 중간자 공격이나 다른 사이버 공격을 막을 수 있다. 가상 사설망은 인터넷을 통해 이동하는 데이터를 암호화한다. 다양한 암호 기술을 적용해 마치 자기만 사용하는 네트워크인 것처럼 다른 사용자는 데이터를 볼 수 없도록 만든다.

었다.

보안 전문가들은 2020년 1월 박람회 첫날 해커 집단이 랜섬웨어 공격을 벌이려던 것 같다고 짐작한다. 만약 해커 집단이 시의 데이터를 마비시키고 컴퓨터 시스템을 무력화하는 데 성공했다면, 박람회 참가자들을 포함해 시의 서비스에 의존해 온 모든 사람이 피해를 입었을 것이다. 박람회, 카지노, 호텔뿐만 아니라 온갖 행사 기관과 단체가 방해를 받거나 아예 업무를 중단해야 했을 것이다. 그러나 그러한 재앙은 정보 보안 담당자들의 빠른 대처 덕분에 피할 수 있었다. 공격 다음 날, 많은 사람이 정보 보안 팀에 감사하는 글을 트위터에 올렸다.

사이버 공격을 막는 사람들

정보 보안 팀의 일은 네트워크 침입과 사이버 공격으로부터 컴퓨터 시스템을 보호하는 것이다. 이 업무에는 호스트 기관의 네트워크와 데이터를 분석하고, 약점과 위협 요소를 찾은 뒤, 기술을 이용해 취약한 시스템을 보호하는 작업이 포함된다. 이 기술에는 악성 코드 방지 도구 배치, 방화벽 설치, 승인된 사람만 접근할 수 있도록 데이터를 암호화하는 것 따위가 포함되어 있다. 침입과 공격에 대응하는 것도 보안 팀의 임무 중 하나다. '사고 대응'이라고 불리는 이 임무는 실시간으로 침입을 감지해 공격을 막은 뒤 손상을 복구하는 것을 말한다.

정보 보안 팀은 모든 유형의 공격에 대비해야 한다. 랜섬웨어가 컴퓨터 네트워크를 차단하거나 디도스 공격이 웹사이트를 오프라인으로 만들 때처럼 사이버 공격이 뻔히 보이는 경우도 있지만, 쉽게 알아채기 어려운 경우도 있다. 예를 들어 공격자는 시스템에 숨어들어 최초 침입 시점으로부터 몇 주나 몇 달 동안 활성화되지 않는 바이러스를 설치할 수도 있고, 시스템에 몰래 들어가 기밀 데이터를 훔칠 수도 있다. 이때 공격자는 표적으로 삼은 사이트를 오랫동안 들락날락하며 작전을 펼칠 수 있도록 들키지 않으려고 노력한다. 공격자들이 흔적을 숨기는 데에 능숙하다는 사실은 이미 많은 연구를 통해 알려져 있다. 글로벌 컴퓨터 기업 IBM의 연구에 따르면 기업이 데이터 절도를 알아채는 데 평균 197일이 걸리고, 공격을 차단하는 데 69일이 더 걸린다고 한다. 공격이 들키지 않고 오래 지속될수록, 더 많은 데이터가 도난당한다.

기업이나 기관은 어떻게 침입당한 사실을 알 수 있을까? 대체로 네트워크가 침입당하면, 네트워크 자원*과 관련된 미묘한 신호가 나타난다. 예를 들어 정보 기술 관리자는 네트워크 트래픽^traffic이 느려지는 것을 보고 시스템을 방해하는 해커 활동을 알

---

*네트워크 자원 또는 네트워크 리소스(Network Resource)는 망 장치와 망 장치로 이루어진 망의 내부 자원을 모두 일컫는다.

아차릴 수 있다. 이때 트래픽은 전화나 컴퓨터 통신의 전송로에서 일정 시간 안에 흐르는 정보 이동량을 말한다. 또한 관리자는 승인된 사용자가 계정을 열지 못해 암호를 재설정해야 하는 것 같은 암호와 관련된 비정상적인 활동이 일어날 때 의심이 들 수도 있다. 네트워크에서 전자 메일이 대량으로 전송되는 것을 보고도 공격자가 침입해 수많은 피싱과 스팸 메시지를 보내고 있음을 의심할 수 있다. 조금이라도 비정상적인 네트워크 활동은 의심하고 살펴봐야 한다.

일단 공격을 발견하면 정보 기술 관리자는 공격을 막고 공격자의 추가 접속을 차단해야 한다. 이 작업은 공격자 IP 주소를 막는 것처럼 간단할 수 있다. IP 주소는 컴퓨터나 다른 장치의 식별 번호와 비슷한 것이다. 또는 네트워크의 모든 사용자 아이디와 암호를 다시 설정하거나, 전체 시스템을 종료하고 재부팅 한 다음, 백업 데이터를 불러와야 한다. 이미 광범위한 손상을 입었을 경우에는 처음부터 시스템을 다시 구축해야 한다.

공격에 현명하게 대비하려면 사고 대응 계획을 잘 세워야 한다. 이는 조직이 사이버 공격을 받았을 때 정보 기술 팀이 따라야 할 지침을 말한다. 이 지침에는 공격을 막기 위해 어떤 대응을 해야 할지, 손실된 데이터를 어떻게 복구할지, 구체적으로 누가 어떤 일을 맡을지 따위의 내용이 자세히 담겨 있어야 한다. 계획을 미리 제대로 세울수록 더 빠르게 공격을 막고 회복할 수 있다.

공격이 일어나면 정보 기술 팀은 사고 대응 계획서를 꺼내 준비된 지침을 따라야 한다.

보호와 방어 전략이 최우선

기업을 비롯한 조직들은 사이버 공격을 당할 때까지 보안 강화하는 일을 미뤄서는 안 된다. 여러 기업과 정부 기관을 포함해, 공격을 당할 수 있는 조직이라면 모든 유형의 공격에 맞설 수 있도록 기술적 방어를 포함한 갖가지 방어 체계를 세워야 한다. 또한 사이버 범죄 집단은 늘 새로운 악성 소프트웨어와 공격 방식을 연구하기 때문에, 거기에 맞춰 방어 체계를 최신 상태로 유지해야 한다.

조직이 사이버 공격을 막기 위해 해야 할 일 가운데 가장 중요한 것은 사이버 보안성 평가다. 여기에는 위험에 취약한 데이터와 장치를 알아내는 데이터 검사, 데이터 보안 상태를 평가하는 보안 평가, 데이터와 시스템에 대한 잠재적 위협 요소를 알아내는 위협 평가가 포함된다. 조직이 컴퓨터 시스템의 취약성과 위협을 알게 되면, 그에 알맞은 보호 전략을 갖출 수 있다.

영국의 국가사이버보안센터NCSC, National Cyber Security Center는 조직이 사이버 공격으로부터 스스로 보호하기 위해 아래와 같은 단계를 따르기를 권장한다.

- 방화벽 같은 소프트웨어를 설치한다. 신뢰할 수 없는 웹사이트로부터 침입을 막고, 사용자가 악성 프로그램이 담겨 있을 법한 파일을 내려받지 못하도록 막는다.
- 악성 코드 제거 소프트웨어를 설치해 악성 소프트웨어를 지운다.
- 정기적으로 보안 패치를 설치한다. 패치는 이미 배포되어 설치된 컴퓨터의 운영 체계나 응용 프로그램의 기능을 개선하고 보안성을 높이기 위해 추가 배포되는 소프트웨어나 프로그램을 말한다. 이런 패치를 정기적으로 설치하면, 해커가 침입에 활용할 만한 컴퓨터 오류와 결함, 취약성을 해결할 수 있다.
- 접근해도 괜찮은 화이트리스트와 차단해야 할 블랙리스트를 작성한다. 안전한 것으로 알려진 웹사이트와 위험한 것으로 알려진 웹사이트를 미리 구분해 두어, 공격을 예방한다.
- 악성 코드 방지 소프트웨어를 사용한다. 악성 프로그램이 네트워크 장치에서 자동 실행되거나 설치되지 않도록 해 준다.
- 주기적으로 확인한다. 휴대 전화를 포함한, 네트워크에 연결된 모든 장치가 악성 프로그램으로부터 보호되고 있는지 자주 확인한다.
- 비밀번호를 자주 바꾼다. 되도록 길고 복잡하며 쉽게 추측할 수 없는 비밀번호를 설정하고, 자주 바꿔 해킹을 예방한다.

- 접근을 제어한다. 사용자가 네트워크에서 쓸 수 있는 앱과 장치를 제한한다. 기업에서는 직원이 집에서 가져온 USB 드라이브를 사용하지 못하도록 함으로써 외부 침입을 방지할 수 있다.
- 항상 열심히 살펴본다. 뜻밖의 의심스러운 네트워크 활동이 없는지 적극적으로 살피면, 공격을 빨리 알아채고 대응할 수 있다.
- 강력하게 암호화한다. 모든 귀중한 데이터와 직원 간 통신을 강력하게 암호화해 누출을 막는다.

기업체에서 직원 한 명이 피싱 이메일에 걸려들면, 자기도 모르는 사이에 기업 전체를 사이버 공격의 위험에 빠뜨릴 수 있다.

이 모든 방법은 사이버 공격으로부터 스스로를 지키기 위한 것이다. 모든 회사, 교육 기관, 정부 기관은 이러한 방법을 사용해 공격을 막아야 한다. 그러려면 공격에 대응할 준비가 된 정보 보안 전문 인력이 필요하다.

내 컴퓨터와 휴대 전화를 보호하려면?

컴퓨터, 휴대 전화, 태블릿 PC를 사이버 공격으로부터 보호하려면 어떻게 해야 할까? 먼저 악성 코드 방지 소프트웨어를 설치한다. 이 소프트웨어는 대부분의 컴퓨터 바이러스, 중요 정보를 몰래 훔치는 스파이웨어 따위의 악성 소프트웨어를 탐지하고 막는다.

컴퓨터를 사면 대부분 방화벽 소프트웨어가 딸려 있다. 컴퓨터 설정을 확인해 이 소프트웨어가 작동하는지 확인한다. 집에서 사용하는 와이파이 비밀번호가 길고 복잡한지도 확인한다.

피싱 메시지나 다른 사회 공학적 공격에 주의해야 한다. 친구나 아는 사람에게 온 것처럼 보이더라도 이메일이나 문자 메시지의 링크를 섣불리 클릭해서는 안 된다.

웹사이트에서 비밀번호를 만들라고 하면 대문자와 소문자, 숫자, 특수문자가 섞인 길고 복잡한 비밀번호를 설정한다. 똑같은 비밀번호를 두 개 이상의 사이트에서 사용하지 않는다. 또한 강아지 이름처럼 쉽게 추측할 수 있는 비밀번호는 사용하지 않는다.

다른 기기처럼 휴대 전화도 해킹에 취약하므로 악성 코드 방지 소프트웨어로 보호해야 한다.

개인 정보를 온라인에 지나치게 많이 올리지 않는다. 온라인에 올라간 개인 정보가 많을수록, 사이버 범죄 집단은 더 손쉽게 비밀번호를 알아내거나 그 사람만을 표적으로 삼은 스피어피싱을 시도할 수 있다. 어떤 앱을 통해 악의적 메시지를 보내는 사람이 있으면, 그 앱을 지운다. 온라인에서 괴롭힘을 당하거나 위협을 받으면 부모나 교사, 경찰에 곧바로 신고해야 한다.

첨단 기술만큼 중요한 교육

사이버 공격을 막으려면 무엇보다 교육이 중요하다. 조직에 속한 모든 사람이 저마다 노력해야 사이버 공격을 막을 수 있다.

기업체라면 직원에게 피싱 이메일 같은 사회 공학 수법을 알려 주어 피하도록 해야 한다. 직원 한 명이 피싱 이메일의 링크를 클릭해 로그인 정보를 제공하면, 그 틈을 타 사이버 범죄 집단이 침입해 수도 없이 많은 정보를 훔쳐 간다. 피싱에 걸려들면, 강도에게 문을 열어 준 거나 다름없다. 사이버 강도는 열린 문으로 사용자 계정뿐 아니라 전체 컴퓨터 시스템에 쉽게 들어간다. 이처럼 사이버 공격에 무지한 직원 한 사람의 실수 때문에 갖가지 보안 기술이 쓸모없게 되어 버릴 수 있으므로 철저한 교육이 필요하다.

끝까지 따라간다!

컴퓨터 네트워크를 위협하는 방식이 다양해지고 있다. 그러므로 보안 방식도 꾸준히 진화되어야 한다. 정보 보안 전문가와 사이버 범죄자는 고양이와 쥐처럼 끊임없이 잡고 잡히는 놀이를 한다고 볼 수 있다. 착한 사람들은 계속해서 새로운 보안 방법을 고안하고, 나쁜 놈들은 끊임없이 최신 기술을 사용해 방어를 뚫으려고 한다. 이런 상황이 끝없이 되풀이되고 있다.

시스템에 숨어들려고 하는 범죄자를 한발 앞서 막으려면 악성 소프트웨어 방지 프로그램을 계속 개발해야 한다. 범죄자가 침입하면, 보안 전문가는 침입에 사용된 방식과 악성 코드를 분석해 범인을 알아내곤 한다. 범죄자는 똑같은 기술과 바이러스를 두 번 이상 사용하기 때문이다. 공격 때문에 컴퓨터 네트워크가 이미 손상되었더라도, 범죄자나 범죄 집단의 정체를 알아내는 건 중요하다. 범죄자를 체포할 수 있고, 그러지 못한다고 해도 나중에 또 그 범죄자의 공격을 받았을 때 더 잘 방어할 수 있기 때문

코로나19 백신 개발과 해킹

2020년 7월 캐나다, 영국, 미국 정부는 러시아 소속 해킹 집단인 코지 베어(Cozy Bear)가 코로나19 백신 개발 관련 연구 자료를 훔치려 했다고 밝혔다. 코지 베어는 영국 옥스퍼드대학, 제약회사 아스트라제네카를 비롯한 여러 대학과 의료 관련 기업, 의료 기관 컴퓨터에 침입하려 했다.

이 활동의 명백한 목표는 러시아가 코로나19 백신을 더 빨리 개발할 수 있도록 정보를 훔치는 것이다. 목적을 이루기 위해 해킹 집단은 여러 기관 직원들에게 피싱 이메일을 보내 로그인 정보와 비밀번호를 노출하도록 만들고, 악성 프로그램을 사용했다. 옥스퍼드대학 소속 과학자들은 자기들의 연구와 러시아 과학자들이 보고한 연구의 유사성을 지적했다. 러시아 해킹 집단이 데이터를 훔쳐 자국 백신 연구원들에게 전달했을 가능성이 높음에도 불구하고, 영국의 국가사이버보안센터는 러시아가 자료를 훔쳤다는 증거를 찾지 못했다.

이다.

정보 보안의 세계는 끊임없이 변화하고 있다. 날마다 새로운 위협이 나타나므로, 방어 기술도 항상 새롭게 개발되어야 한다. 정보 보안 전문가들이 범죄자들의 진도를 따라가지 못하면, 시스템은 점령당하고 말 것이다.

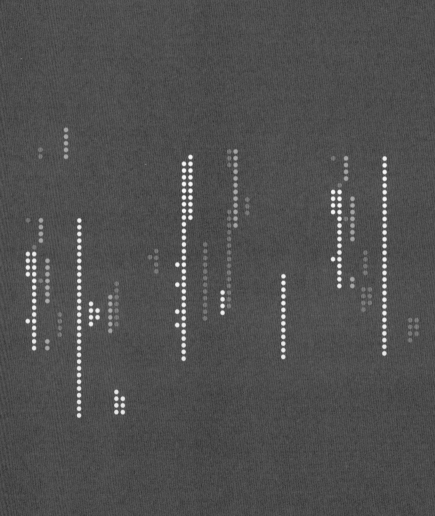

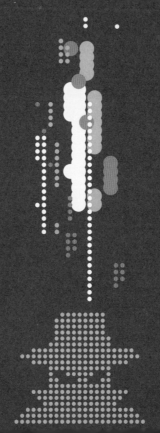

10장

정보 보안 전문가를
꿈꾼다면?

정보 보안은 계속 성장하는 분야다. 대기업과 중소기업, 정부 기관, 교육 기관과 다른 수많은 기관이 점점 커져 가는 사이버 위협으로부터 방어하기 위해 정보 기술력과 보안 능력을 강화하고 있다. 여러 나라 정부가 사이버 전쟁을 준비한다. 방어도 중요하지만, 때때로 먼저 공격해야 하는 상황이 올 수도 있다. 그러므로 어느 분야를 막론하고 정보 보안 전문가를 찾는 곳이 많다.

정보 보안 전문가로 가는 길

여러분이 정부의 정보 보안 기관이나 사설 보안 회사에 들어가려

사이버 공격에 맞서 방어하는 법을 배우는 프랑스의 어느 대학 컴퓨터 공학과 학생.

면 또는 스스로 정보 보안 사업체를 운영하려면 컴퓨터 관련 기술을 익혀야 한다. 정보 기술과 보안 전문가는 컴퓨터와 네트워크뿐만 아니라 응용 프로그래밍에 대해서도 많은 지식을 갖춰야 한다.

돈을 많이 벌 수 있는 정보 관련 일자리를 얻으려면 컴퓨터 공학과 정보 기술 또는 그와 관련된 기술 분야를 공부해야 한다. 주로 대학교와 학원에서 이런 것을 배울 수 있다. 학교를 다니지 않고 다양한 기술에 초점을 맞춘 책, 동영상, 온라인 교육 과정을 통해 독학한 정보 보안 전문가도 있다.

```
1136    wp = EOFPacketWrapper(packet)
1137    self.warning_count = wp.warning_count
1138    self.has_next = wp.has_next
1139    return True
1140
1141    def _read_result_packet(self, first_packet):
1142        self.field_count = first_packet.read_length_enco
1143        self._get_descriptions()
1144        self._read_rowdata_packet()
1145
1146    def _read_rowdata_packet_unbuffered(self):
1147        # Check if in an active query
1148        if not self.unbuffered_active:
             return
```

정보 보안 분야에서 일하려면 컴퓨터 코드를 읽고 만드는 법을 알아야 한다.

가장 좋은 방법은 대학교에서 컴퓨터와 정보 기술 관련 학위를 따는 것이다. 대부분의 대학교에서는 컴퓨터 프로그래밍과 네트워크 설계를 비롯한 기본 과목을 배울 수 있고, 나아가 더욱 전문적인 과목도 선택해 들을 수 있다. 예를 들어, 컴퓨터 공학과에 들어가면 인터넷과 네트워크 보안, 사이버 전쟁, 암호 해독 관련 강의를 선택해 들을 수 있다.

소속 집단에서 더 높은 자리에 올라가려면, 석사 학위가 필요한 경우가 많다. 정보 보안 업계도 마찬가지다. 더 나은 대우를 받고 싶다면 컴퓨터 정보 기술과 보안 관련 석사 학위를 받아야 한다. 미국 인디애나대학교에서는 보안 위험 관리와 관련된 석사 학위를 딸 수 있고, 미네소타대학교에서는 보안 기술 석사 학위를 취득할 수 있다.*

정보 보안 관련 직종 살펴보기

기업과 정부 기관을 비롯한 여러 단체는 다양한 부류의 정보 기술과 보안 전문가를 고용한다. 이런 전문가에게 요구되는 기술은 대체로 비슷하지만 직종에 따라 조금씩 다른 책임을 맡는다. 정보 기술과 보안 관련 직종에는 어떤 것이 있는지 알아보자.**

- **보안 솔루션 개발자:** 다양한 보안 장비나 소프트웨어 등을 개발한다.
- **보안 엔지니어:** 보안 솔루션을 조직이나 기관에 구축하고 운영·유지·보수한다.
- **정보 보호 최고 책임자:** 조직이나 기관의 정보 보안을 총괄해 책임지는 임원으로, 최고 경영자나 회장에게 직접 관련 사항을 보고한다.

---

*한국에서는 몇몇 대학교에서 보안 관련 학위를 받을 수 있다. 대학 교육 외에도 전문 기술 분야의 자격증을 취득해 경쟁력을 높일 수 있다. 대표적 정보 보안 관련 자격증은 정보 보안 기사 자격증, 보안 감사 자격증(CISA), 보안 기술 자격증(CISSP)이 있다. 이런 자격증이 있으면 취직에 훨씬 유리하다.

**본문의 정보 보안 관련 직종은 독자의 이해를 돕기 위해 한국의 상황에 맞게 수정했다. 한국에서는 아직 정보 보안 관련 직종에 대한 표준화된 용어가 정리되지 않아 민간 기관이나 보안 업체 등에서 자주 언급되는 용어를 바탕으로 소개하였다. 한국의 공공 기관과 민간 기관의 정보 보안 관련 채용을 보면 개발 부문, 기술 부문, 컨설팅 부문, 관제 및 운영 부문 등 큰 단위로 이루어지는데, 본문에 소개한 직종은 해당 부문의 직무 중 하나로 들어간다.

- **암호 분석가 또는 암호 사용자:** 암호화된 메시지를 해독하거나 직접 암호 기법을 개발하고, 조직이나 기관의 데이터에 암호화 기법을 적용한다.
- **사이버 위협 인텔리전스 분석가:** 사이버 공격에 사용된 기술을 연구하고 분석해 체계화된 위협 인텔리전스(지식)를 만든다. 위협 인텔리전스는 다양한 조직이나 기관의 위협 대응에 활용된다.
- **사이버 보안 연구자:** 새로운 보안 기술과 기법을 설계하고 추천한다.
- **사이버 위협 분석가:** 전 세계에서 일어나는 사이버 위협을 찾아낸다.
- **모의 침투(해킹) 전문가:** '윤리적 해커'라고도 하며 악의적인 해커에 의해 공격당할 수 있는 취약점을 모의 침투 훈련을 통해 사전에 찾아낸다.
- **디지털 포렌식 전문가:** 사이버 공격을 받은 디지털 기기로부터 법적으로 유효한 증거 자료를 수집하고 분석한다.
- **사고 대응 전문가**는 두 개의 직종으로 분류할 수 있다.

   1) 보안 관제 요원: 조직이나 기관의 정보 자산을 다양한 사이버 공격으로부터 보호하기 위해 각종 위협을 실시간 감시하고 분석하고 대응한다. 주로 보안 관제 센터를 365일 24시간 내내 운영하며, 보안 관련 직종 중 가장 많은 인력 수요

가 있다.

2) 침해 사고 대응 전문가: 사이버 공격 같은 침해 사고 발생 시 원인 분석과 대응을 통해 피해를 최소화하고 향후 재발을 방지한다. 침해 사고 대응 팀을 운영한다.

보안 관제 요원이 사이버 위협을 감시하고 사전에 대응하는 역할이라면, 침해 사고 대응 전문가는 사고가 발생했을 때 원인을 찾아서 대응하는 역할을 한다.

• **취약점 분석가:** 사이버 공격에 악용될 수 있는 시스템, 네트워크, 애플리케이션(소프트웨어, 프로그램) 등의 취약점을 분석하고 개선 방안을 제시한다.

선의를 위해 일하는 '윤리적 해커'

많은 사람은 '해커'라는 말을 들었을 때 사이버 범죄자, 사이버 테러리스트처럼 함부로 데이터를 훔치고 컴퓨터 시스템을 손상시키는 사람을 떠올린다. 정보 보안 분야에서는 이런 범죄자를 '블랙 햇 해커(Black hat hacker)'라고 부른다.

하지만 이처럼 나쁜 해커만 있는 건 아니다. 악의적 목적보다 선의를 위해 일하는 해커도 있다. 바로 '화이트 햇 해커(White hat hacker)' 또는 '윤리적 해커'다. 이런 해커는 조직의 취약점을 발견하기 위해 컴퓨터 시스템에 침입한다. 그렇게 해서 조직이 취약점을 보완해 더 안전한 시스템을 갖출 수 있도록 돕는다. 기업과 정부를 비롯해 수많은 조직이 컴퓨터 시스템을 더 강화하기 위해 화이트 햇 해커를 고용한다.

사이버 범죄와 공격이 연일 최고 수준을 기록하면서, 정보 보안 전문가는 유형을 막론하고 찾는 곳이 많아졌다. 미국 노동 통계국은 2018년에서 2028년 사이 정보 보안 일자리가 32퍼센트 늘어날 거라고 내다봤다.

이처럼 수요가 많아지는 가운데, 한정된 전문 인력을 놓고 기업들이 경쟁하다 보니 자연스럽게 높은 급여가 유지되고 있다. 미국 노동통계국은 2018년 5월 정보 보안 분석가의 평균 연봉이 9만 8350달러(우리돈 1억 3000만 원)였다고 보고했다. 상위 소득자 는 1년에 15만 6580달러(우리돈 2억 500만 원) 이상 벌었다.

어디서 정보 보안 일자리를 찾을까?

요즘에는 거의 모든 조직이 정보 보안 팀을 필요로 한다. 많은 회 사가 대규모 정보 기술 팀을 두고 있고, 몇몇 회사는 그 가운데 정보 보안 팀을 따로 두기도 한다. 작은 회사는 정보 기술 부서와 보안 부서를 통합해서 운영한다. 정보 보안 직원을 따로 고용할 만큼 규모가 크지 않으므로 한 명 또는 그 이상의 정보 기술 직원 이 보안 업무까지 맡는다. 정보 기술 팀이 따로 없는 더 작은 기 업은 외부 업체에 정보 기술과 보안 업무를 맡긴다.

학교를 비롯한 비영리 조직 가운데에는 전문 보안 인력이 있는 강력한 정보 기술 팀을 갖춘 곳이 많다. 크고 작은 정부 기관도 대규모 정보 기술 팀과 보안 팀을 둔다. 따라서 정보 보안 관련 일자리를 찾는다면 공공 기관도 잘 알아볼 필요가 있다. 시에서 중앙 정부에 이르기까지 관공서를 대상으로 한 랜섬웨어를 비롯한 각종 사이버 공격이 잦아지는 가운데, 이에 대비하고 대응할 전문 인력이 반드시 필요하기 때문이다.

군에도 정보 보안 관련 부서를 두고, 사이버 전쟁에 필요한 방어와 공격 능력을 계속 강화하고 있다. 이는 곧 군에도 자격을 갖춘 정보 보안 전문가에게 취업 기회가 많다는 것을 뜻한다.

조직에 소속되어 있지 않은 정보 기술 보안 관련 프리랜서

미국의 정보 보안 회사인 시만텍. 정보 보안 회사는 컴퓨터 시스템을 안전하게 지키는 일을 한다.

나 외주 인력도 많다. 이들은 사설 업체에서 일감을 받아서 일하고 비용을 받는다. 정부 기관이나 다양한 조직에 파견되어 길게 또는 잠시 관련 업무를 맡는다.

정보 보안 업계의 미래

인터넷과 기술의 발전으로 세계가 점점 더 긴밀하게 연결될수록 사이버 위협은 늘어나고 있다. 기술의 발전은 세상을 더 좋게 만드는 동시에 남용과 착취의 새로운 가능성을 열어 준다. 인터넷은 삶을 풍요롭게 하는 훌륭한 도구지만, 나쁜 사람들은 이 도구를 이용해 남의 것을 훔치고 혼란을 일으킨다.

　요즘 사람들은 대부분 여러 개의 온라인 계정을 갖고 있다. 물건 구매, 이메일, 신용 카드와 은행 업무, 음악 듣기, 영화 스트리밍 서비스, 소셜 미디어, 신문 구독, 도서관 이용, 차량 호출 서비스, 전화, 와이파이 등등 용도도 다양하다. 어디에 살든, 어떻게 돈을 벌든, 어느 학교에 다니든, 인터넷의 존재를 무시한 채 살 수는 없다. 따라서 사이버 위협과 정보 보안을 무시하고 사는 것도 불가능하다. 사이버 공격의 위험은 종류를 막론하고 끊임없이 커지고 있다. 우리가 인터넷에 더 많은 장치를 연결하고 더 많은 데이터를 저장할수록 해커 같은 범죄자가 훔치고 망가트리고 파괴할 수 있는 자료가 더 많아진다. 사이버 공격은 조직과 개인에게 더 자주, 더 큰 피해를 줄 수 있다.

하지만 새로운 위협이 생겼다면 이러한 위협을 방어할 새로운 기회도 함께 찾아온다. 정부와 기업을 비롯한 기관들은 커져 가는 사이버 위협에 대비해 정보 보안 일자리를 늘리고 있다.

동시에 정부나 다른 집단의 사이버 스파이로 활동하기에도 좋은 때다. '최선의 공격이 최선의 방어'라는 옛 말처럼 세계 여러 나라가 정보 보안 면에서 방어뿐 아니라 공격력도 갖추려고 한다. 우리가 살아가는 동안 전면적인 사이버 전쟁이 일어날지 안 일어날지는 알 수 없지만 적국을 겨냥한 사이버 공격은 점점 늘어나는 추세다. 스스로 기술 분야에 재능이 있다고 생각한다면, 나아가 보안 업종이나 정탐 활동에 관심이 있다면, 정보 보안 관련 직업에 도전해 보길 권한다.

지식은 모험이다 27

**10대에 정보 보안 전문가가 되고 싶은 나,
어떻게 할까?**

처음 인쇄한 날   2023년 6월 9일
처음 펴낸 날   2023년 6월 16일

글   마이클 밀러
옮김   최영열
감수   정일영
펴낸이   이은수
편집   김연희, 오지명, 박진희
디자인   원상희
마케팅   정원식
펴낸곳   오유아이(초록개구리)
출판등록   2015년 9월 24일(제300-2015-147호)
주소   서울시 종로구 비봉 2길 32, 3동 101호
전화   02-6385-9930
팩스   0303-3443-9930
인스타그램 instagram.com/greenfrog_pub

ISBN 979-11-5782-261-4 44500
ISBN 978-89-92161-61-9 (세트)